新编实用化工产品配方与制备

洗涤剂分册

李东光　主编

中国纺织出版社有限公司

内 容 提 要

本书收集了与国民经济和人民生活密切相关的、具有代表性的实用洗涤剂产品，内容涉及织物洗涤剂、居室洗涤剂、家用洗涤剂、厨房洗涤剂、沐浴洗涤剂、发用洗涤剂等方面，以满足不同领域和层面使用者的需要。

本书可作为有关新产品开发人员的参考读物。

图书在版编目(CIP)数据

新编实用化工产品配方与制备．洗涤剂分册/李东光主编．--北京：中国纺织出版社有限公司，2021.4

ISBN 978-7-5180-6618-6

Ⅰ.①新… Ⅱ.①李… Ⅲ.①化工产品—配方②化工产品—制备③洗涤剂—配方④洗涤剂—制备 Ⅳ.①TQ062②TQ072

中国版本图书馆CIP数据核字(2019)第191252号

责任编辑：范雨昕　　责任校对：寇晨晨　　责任印制：何　建

中国纺织出版社有限公司出版发行

地址：北京市朝阳区百子湾东里A407号楼　邮政编码：100124

销售电话：010—67004422　传真：010—87155801

http://www.c-textilep.com

中国纺织出版社天猫旗舰店

官方微博 http://weibo.com/2119887771

唐山玺诚印务有限公司印刷　各地新华书店经销

2021年4月第1版第1次印刷

开本：880×1230　1/32　印张：7.125

字数：192千字　定价：88.00元

前言

随着我国经济的高速发展,化学品与社会生活和生产的关系越来越密切。化学工业的发展在新技术的带动下形成了许多新的认识。人们对化学工业的认识更加全面、成熟,期待化学工业在高新技术的带动下加速发展,为人类进一步谋福。目前化学品的门类繁多,涉及面广,品种数不胜数。随着与其他行业和领域的交叉逐渐深入,化工产品不仅涉及与国计民生相关的工业、农业、商业、交通运输、医疗卫生、国防军事等各个领域,而且与人们的衣、食、住、行等日常生活的各个方面都息息相关。

目前我国化工领域已开发出不少工艺简单、实用性强、应用面广的新产品、新技术,不仅促进了化学工业的发展,而且提高了经济效益和社会效益。随着生产的发展和人民生活水平的提高,对化工产品的数量、质量和品种提出了更高的要求,加上发展实用化工投资少、见效快,使国内许多化工企业都在努力寻找和发展化工新产品、新技术。

为了满足读者的需要,我们在中国纺织出版社的组织下编写了这套《新编实用化工产品配方与制备》丛书,书中着重收集了与国民经济和人民生活高度相关的、具有代表性的化学品以及一些具有非常良好发展前景的新型化学品,并兼顾各个领域和层面使用者的需要。与以往出版的同类书相比,本套丛书有如下特点,一是注重实用性,在每个产品中着重介绍配方、制作方法和特性,使读者根据此试验时,能够掌握方法和产品的应用特性;二是所收录的配方大部分是批量小、投资小、能耗低、生产工艺简单,有些是通过混配即可制得的产品;三是注重配方的新颖性;四是所收录配方的原材料是立足于国内。因此,本书尤其适合于中小企业及个体生产者开发新产品时选用。

本书的配方是按产品的用途进行分类的,读者可据此查找所需的配方。由于每个配方都有一定的合成条件和应用范围限制,所以在产品的制备过程中影响因素很多,尤其是需要温度、压力、时间控制的反应性产品(即非物理混合的产品),每个条件都很关键,再者,本书的编写参考了大量的有关资料和专利文献，我们没有也不可能对每个配方进行逐一验证，所以读者在参考本书进行试验时，应本着先小试后中试再放大的原则，小试产品合格后才能往下一步进行，以免造成不必要的损失。特别是对于食品及饲料添加剂等产品，还应符合国家规定的产品质量标准和卫生标准。

本书参考了近年来出版的书刊、杂志、各种化学化工期刊以及部分国内外专利资料等，在此谨向所有参考文献的作者表示衷心感谢。

本书由李东光主编，参加本书编写工作的还有翟怀凤、蒋永波、李嘉等，由于编者水平有限，书中难免有疏漏之处，请读者在应用中发现问题及不足之处及时予以批评指正。

编者

2019 年 7 月

目录

第一章　织物洗涤剂

第二章　居室洗涤剂

第三章　家用洗涤剂

第四章 厨房洗涤剂

第五章　沐浴洗涤剂

第六章　发用洗涤剂

第一章　织物洗涤剂

实例1　保健洗衣液

【原料配比】

植物精华素

原　　料	配比(质量份)		
	1#	2#	3#
黄芪	5	2.5	5.5
白术	4.5	5.5	4
防风	3	2	2.5
去离子水	100	100	100

洗衣液

原　　料		配比(质量份)		
		1#	2#	3#
表面活性剂	烷基磺酸钠盐	15	—	—
	脂肪醇聚氧乙烯醚硫酸钠	20	18	15
	脂肪醇聚氧乙烯醚	—	30	—
	十二烷基二甲基甜菜碱	10	10	—
	十二烷基二甲基氧化铵	—	—	15
去离子水		48	44.5	30.9
增白剂		0.5	0.4	0.5
螯合剂	乙二胺四乙酸钠	0.5	0.3	0.5
香料	玫瑰花香型香料	1	—	1
	茉莉花香型香料	—	0.6	—
植物精华素		5	4	5

【制备方法】

植物精华素的制备：选用中草药黄芪、白术、防风粉碎，加去离子水浸泡4h后加热至100℃煎煮30min，煎煮液过滤备用，滤渣再用70kg浓度为68%的乙醇水溶液继续煎煮10min，过滤弃渣，将两次煎煮液合并，通过真空浓缩煎煮液至原质量的20%备用。

洗衣液的制备：将表面活性剂及去离子水按质量比加入搅拌罐中搅拌至全部溶解，然后将增白剂、螯合剂、香料按比例加入搅拌罐中继续搅拌均匀，最后将植物精华素按比例加入搅拌罐中搅拌均匀呈透明黏稠状液体即为成品。

【产品应用】　本品用于衣物的洗涤。

【产品特性】　本品具有配方合理、洗涤效果好、保健与防病兼用等特点，在使用中具有无异味、无污染，既保留了洗涤剂原有的性能，又增加了消毒灭菌和增强人体免疫力功能和对疾病的防治作用。

实例2　彩珠洗涤剂

【原料配比】

原　　料	配比（质量份）
烷基苯磺酸	15
脂肪醇聚氧乙烯醚硫酸钠（AES）	8
硅酸钠	13
碳酸氢钠	25
三聚磷酸钠	1.5
皂粉	18
阴离子淀粉	3

【制备方法】　将上述原料按比例混合反应后，在40～60℃下进行混合捏和成塑性物料，并加入各种颜料，再用机械方法制成ϕ0.8～3mm的珠状，然后在150～250℃的温度下干燥装置内加热发泡而成。

【产品应用】　本品用于织物的洗涤。

【产品特性】 采用本方法生产洗涤剂只需简单混合，均匀干燥，因而产品质量易于控制，可大大降低设备投资及能源消耗。本品外观好，颗粒均匀，小圆珠状易流动，强度高不易碎，无粉尘，比重小，易溶解。本品还具有低泡沫，浓缩型及去污力强等特点，特别适合洗衣机使用。

实例3 超浓缩柔和增白洗衣液

【原料配比】

原 料	配比(质量份)
脂肪醇聚氧乙烯醚(AEO-9)	15
AES	5
琥珀酸二异辛酯磺酸钠	15
6501	8
乙二胺四乙酸(EDTA)二钠	2
三乙醇胺	3
苯甲酸钠	3
乙醇	5
荧光增白剂	0.3
色素(绿色)	0.01
香精(进口茉莉香型)	0.01
蒸馏水	加至100

【制备方法】 将原料按配比投入搅拌器中，经过0.5~2h充分搅拌均匀后即得成品。

【产品应用】 本品用于衣物的洗涤，最适宜机械化洗涤。

【产品特性】 本品突出的特点为最适宜机械化洗涤；节能；节省包装；泡沫适中，易于漂洗。

实例 4　超浓缩无磷彩漂洗衣液

【原料配比】

原　　料	配比(质量份)
脂肪醇聚氧乙烯醚	25
脂肪醇聚氧乙烯醚硫酸钠	6
三乙醇胺	2
柠檬酸钠	3
EDTA 二钠	0.5
丙二醇	2
DSBP 超级增白剂	0.2
光漂白剂	0.1
香精	0.4
去离子水	加至 100

【制备方法】　将去离子水放入容器，在不断搅拌下，依次加入脂肪醇聚氧乙烯醚、脂肪醇聚氧乙烯醚硫酸钠、三乙醇胺、柠檬酸钠、EDTA 二钠、丙二醇，加温至 50℃以上后保温，半成品检测，再加入超级增白剂、光漂白剂及香精。

【产品应用】　本品用于衣物洗涤。

【产品特性】　本品不含磷，具有高浓缩、高安全、杀菌、柔软、增白、漂白、无污染的优点。

实例 5　超浓缩无磷抗菌消毒洗衣液

【原料配比】

原　　料	配比(质量份)			
	1#	2#	3#	4#
脂肪醇聚氧乙烯醚(C_{12} ~ C_{16})	20	22	25	28
十二烷基苯磺酸钠	20	18	15	12
三乙醇胺	6	10	5	9

续表

原　　料	配比(质量份)			
	1#	2#	3#	4#
乙醇	9	5	10	7
氯化钾	1.5	2	2.5	3
氯化十二烷基二甲基苄基铵	2.5	3	1	1.5
荧光增白剂	适量	适量	适量	适量
香料及染料	适量	适量	适量	适量
水	加至100	加至100	加至100	加至100

【制备方法】　将水放入容器内,在不断搅拌下加入氯化钾、乙醇、三乙醇胺和十二烷基苯磺酸钠,待全部溶解后,在搅拌下加入脂肪醇聚氧乙烯醚、氯化十二烷基二甲基苄基铵和荧光增白剂,最后加入香料及染料。

【产品应用】　本品用于衣物的洗涤。

【产品特性】　本品是一种不含磷、碱、铝等对环境有害的物质,去污能力强且具有杀菌消毒功能的洗衣液。

实例6　织物霉斑清洁剂

【原料配比】

原　　料	配比(质量份)		
	1#	2#	3#
二氯异氰尿酸钠	40	80	50
过硼酸钠	30	10	20
润湿剂(粉剂、无水)	20	5	15
EDTA	2	1	1
香精	微量	—	微量
填充剂	8	4	14

【制备方法】 将各组分按配比混合,搅拌均匀即可。

【产品应用】 本品用于去除织物霉斑顽渍。

【产品特性】 本产品具有高效、安全,对各色、各类滋生霉斑的纺织品均能有效去除,本组合物对环境无污染。

实例7　多功能无磷浓缩洗衣液

【原料配比】

原　　料	配比(质量份)		
	1#	2#	3#
水	71.83	55.35	64.58
脂肪醇聚氧乙烯醚(AEO-7)	10	15	12
直链烷基苯磺酸钠(LAS)	7	10	8
脂肪醇聚氧乙烯醚硫酸钠(AES)	6	10	8
脂肪醇聚环氧乙烷(JFC)	3	5	4
三乙醇胺(TEA)	1	2	1.5
柠檬酸钠	1	2	1.5
有机硅氧烷乳化体(SF-808)	0.1	0.5	0.3
4,4′-双二苯乙烯衍生物(CBS-X)	0.05	0.1	0.08
光漂白剂(卟吩衍生物)(BBS)	0.02	0.05	0.04

【制备方法】 先于混合釜中按配比投入水,在搅拌下按比例投入AEO-7、LAS、AES、JFC、TEA、柠檬酸钠、SF-808、CBS-X、BBS,补加水,搅拌均匀后即得成品。

【产品应用】 本品用于衣物的洗涤。

【产品特性】 本品不含磷,表面活性剂的含量是普通洗衣粉的两倍,pH适中,适合低温洗涤,去污力强且有柔软、增白、漂白等多种功能。

实例8　防串色液体洗涤剂

【原料配比】

原　　料	配比(质量份)
十二烷基苯磺酸钠	10
聚乙烯基吡咯烷酮(PVP)	3
脂肪醇聚氧乙烯醚(AEO－9)	5
三聚磷酸钠(STPP)	1.5
香精	0.1
水	加至100

【制备方法】　先在配制缸中加入水,加热至50～60℃后加入PVP,冷却至40℃时加入十二烷基苯磺酸钠、AEO－9、STPP,搅拌加入香精,搅拌均匀后包装。

【产品应用】　本品用于衣物的洗涤。

【产品特性】　本品具有洗涤和防串色的功能,生产制造方便,产品性能优越、防串色效果好。

实例9　纺织品白地防沾污洗涤剂

【原料配比】

原　　料	配比(质量份)			
	1#	2#	3#	4#
羟基亚乙基二膦酸(30%)	15	—	—	—
氨基三亚甲基膦酸(30%)	—	15	—	—
乙二胺四亚甲基膦酸钠(30%)	—	—	15	10
吡咯烷酮(10%)	10	—	—	—
N－甲基吡咯烷酮(1%)	—	10	—	—
乙烯吡咯烷酮(10%)	—	—	10	10

续表

原　　料	配比（质量份）			
	1#	2#	3#	4#
聚丙烯酸钠（30%）	5	—	—	10
脂肪醇聚氧乙烯醚硫酸钠（10%）	15	15	20	20
丙烯酸与2-甲基-2-丙烯酰胺基丙烷磺酸（30%）	—	—	10	—
水解聚马来酸酐（10%）	—	5	—	—
十二烷基苯磺酸钠（20%）	15	—	—	—
N-甲基油酰牛磺酸钠（20%）	—	15	—	15
N,*N*-油酰双牛磺酸钠（10%）	—	—	15	—
水	40	40	35	35

【制备方法】　将各组分按比例逐一溶于水中，混合均匀即可。

【产品应用】　本品用于纺织品印花工艺后的洗涤。

【产品特性】　这种白地防沾污洗涤剂洗涤时防沾污效果很好，并具有良好的洗涤性能，织物印花工艺后经其洗涤，色牢度满意，并且色泽的鲜艳度增加。

实例10　高级毛织物洗涤剂

【原料配比】

原　　料	配比（质量份）
N-椰油烷基异硬脂酰胺	8
脂肪醇聚氧乙烯醚硫酸钠	12
羟基改性硅氧烷乳液	2
烷基葡萄糖苷（C_9～C_{11}）	14

续表

原　料	配比(质量份)
羟甲基纤维素	4
膨润土	6
香精	适量
水	加至100

【制备方法】 将各组分逐一溶解在水中,搅拌混合均匀即可。

【产品应用】 本品用于洗涤毛料衣物。

【产品特性】 本品优点是洗衣方便,价格便宜,洗后的衣服笔挺蓬松,洗得干净,抗静电,不缩水,不变形,手感柔软,洗涤中不刺激皮肤。

实例11 功能性内衣专用洗涤剂

【原料配比】

原　料	配比(质量份)		
	1#	2#	3#
直链十二烷基苯磺酸钠(LAS)	5	7	15
十二醇聚氧乙烯醚硫酸钠(AES)	—	7	—
脂肪醇聚氧乙烯醚	5	2.4	2
尼纳尔	—	1.2	—
蒙脱石、电气石、红外石及麦饭石纳米级混合微粉	10	—	—
蒙脱石、电气石、红外石、沸石、石英石、方解石及麦饭石混合微粉	—	6	—
蒙脱石、电气石、红外石、有机膨润土及麦饭石混合微粉	—	—	3

续表

原　　料	配比(质量份)		
	1#	2#	3#
氨基硅油	—	1	—
凯松(抑菌剂)	0.5	—	—
除虫菊与氯苯咪唑	—	—	0.3
荧光增白剂(VBL)	0.5	0.1	0.1
羟甲基纤维素钠(CMC)	0.5	0.1	0.1
三聚磷酸钠	1.5	1.5	0.1
氯化钠	5	3	1
纯水	68.5	67.2	75.5
香精和色素	适量	适量	适量

【制备方法】 按组分质量百分比称取物料→加热、溶解→搅拌→1000目筛过滤备用。

(1)A液制备:取1/3纯水溶解VBL,再将CMC和LAS、AES溶解。

(2)B液制备:在反应器中用剩余纯水溶解三聚磷酸钠,加入蒙脱石、电气石、红外石、有机膨润土及麦饭石混合微粉,保持温度70~80℃均匀搅拌,再加入脂肪醇聚氧乙烯醚、尼纳尔搅拌1h后即可配成B液。

(3)成品制备:搅拌B液的同时将温度降至40℃以下的A液缓慢加入,再加入助剂氨基硅油、凯松、除虫菊与氯苯咪唑、氯化钠,并加入香精和色素调色和调香,取样放置48h以上,检验合格后装入容器、装箱。

【产品应用】 本品适合于远红外负离子等功能性内衣的洗涤。

【产品特性】 本品集强力去污、高效灭菌、衣物柔顺、消除静电和补充功能性能量五大特点,成为功能性内衣的洗涤伴侣。

实例 12　内衣洗涤剂

【原料配比】

原　　料	配比(质量份)		
	1#	2#	3#
脂肪醇聚氧乙烯醚硫酸钠(70%)	8	10	10
丙二醇	3	1	4
月桂酰胺丙基甜菜碱(活性含量为 30%)	6	8	10
对氯间二甲苯酚	0.5	0.1	1.0
椰子油脂肪酸单乙醇酰胺	2	1	4
凯松	0.3	0.1	0.5
脂肪醇聚氧乙烯醚	3	2	5
香精	0.2	0.4	0.2
色素	0.0002	0.0004	0.0002
食盐	0.2	0.5	0.6
水	加至 100	加至 100	加至 100
柠檬酸	适量	适量	适量

【制备方法】

(1)在配料锅中加入一定量的水,搅拌升温至 70℃,加入椰子油脂肪酸单乙醇酰胺,待溶解分散均匀,继续搅拌 20min。

(2)将对氯间二甲苯酚溶解于丙二醇中,在 40 ~ 50℃ 的温度下,搅拌均匀,完全溶解备用。

(3)配料锅温度保持在 70℃,加入脂肪醇聚氧乙烯醚硫酸钠,1h 后加入月桂酰胺丙基甜菜碱、脂肪醇聚氧乙烯醚,继续搅拌 40min。

(4)将配料锅温度降至 40℃ 以下,加入步骤(2)制备的对氯间二甲苯酚与丙二醇的混合溶液,搅拌 15min。

(5)用柠檬酸调节 pH 至 4.0 ~ 8.5,然后加入色素、香精、凯松,每加一种料体间隔 5min，边加入边搅拌；

(6)最后在 700r/min 的转速下，加入食盐调节黏度，25～35min，即得无磷抗菌洗衣液。

【产品应用】 本品是一种用于内衣洗涤的洗衣液。

【产品特性】 本品添加安全广谱杀菌成分 PCMX 及植物源的表面活性成分，有效清除血渍、尿渍、污渍及其他致霉污垢；深层清洁洗净，阴雨天使用，预防细菌生长繁殖；添加植物香精可去除异味，洗后衣物清香怡人，护肤成分，呵护双手洗后不干涩；良好的钙皂分散力，可提高在硬水中的洗涤效果，避免织物泛黄变硬，保护织物光滑、柔软舒适；本品制备工艺简单，原料取材方便，成本低，经济效益良好，适合工业化生产，具有广泛的应用前景。

实例 13　环保型无磷洗涤剂

【原料配比】

原　　料	配比(质量份)
脂肪醇聚氧乙烯醚	15.0
烷基硫酸钠	10.0
硫酸钠	2.6
碳酸钠	5.0
碳酸氢钠	5.0
沸石	5.0
偏硅酸钠	5.0
柠檬酸钠	3.0
荧光增白剂	0.6
丙烯酸盐—马来酸酯共聚物	3.0
层状硅酸盐	30.0
过碳酸钠	12.0

续表

原　　料	配比(质量份)
四乙酰乙二胺(TAED)	3.0
复合酶	0.5
香精	0.3

【制备方法】 将各组分混合搅拌均匀即得成品。

【产品应用】 本品用于对织物的洗涤。

【产品特性】 本产品具有优良的去污能力和抗再沉积能力,洗涤织物后,残留在织物上的残垢很少,多次洗涤后织物不至发灰、泛黄、发硬;采用层状硅酸盐制成的该洗涤剂外观佳,流动性好。

另外,由于该洗涤剂采用层状硅酸盐作为主要洗涤助剂,其与漂白剂有很好的相容性,加入的漂白剂储存稳定性大为提高;也正是由于层状硅酸盐的加入,其与表面活性剂的协同效应得以充分体现;同时因层硅为水溶性物质,所以也不会存在水不溶性沸石所造成的在管道及江河湖泊中淤积的问题,其洗涤污水对江河湖泊的水质不会造成磷酸盐所造成的水质富营养化问题,对环境友好,为绿色环保型洗涤剂。

实例14　纳米无磷超浓缩液体洗涤剂

【原料配比】

原　　料	配比(质量份)	
	1#	2#
表面活性剂	15	18
纳米液	20	15
碳酸钠	5	8
氯化钠	3	3
柠檬酸	0.5	0.8
助剂	5	7
水	加至100	加至100

【制备方法】　首先将水加入容器中，然后加入表面活性剂、纳米液混合搅拌，搅拌速度在500r/min，分散均匀后依此加入碳酸钠、氧化钠及其他助剂，搅拌速度在500r/min，搅拌时间60min，最后加入柠檬酸调节pH至6～10之间。

【注意事项】　本品中纳米液是由纳米二氧化钛、助剂和水经搅拌、超声分散制成的稳定的纳米分散体。表面活性剂包括：十二烷基硫酸铵、脂肪醇聚氧乙烯醚硫酸铵、十二烷基硫酸钠、二甲苯磺酸钠、十二烷基苯磺酸、十二烷基硫酸铵、EDTA二钠、三乙醇胺、椰油酰胺丙基甜菜碱、月桂醇聚氧乙烯醚、AEO－9、氧化十二烷基二甲基胺、氧化十八烷基二甲基胺、月桂酸二乙醇酰胺、十六醇琥珀酸单酯磺酸钠、脂肪酸单乙醇酰胺聚氧乙烯醚硫酸盐、脂肪酸单乙醇酰胺磺基琥珀酸单酯二钠盐、脂肪醇聚氧乙烯醚硫酸钠、醇醚磺基琥珀酸单酯二钠盐、椰油酸二乙醇酰胺。助剂包括：苯甲酸钠、凯松、苯甲酸、次氯酸钠、次氯酸钙、二氧化硅、碳酸钙和香精。

【产品应用】　本品用于织物洗涤。

【产品特性】　本品具有去污力好，生产工艺简单，原料低廉的特点，便于工业化生产。

实例15　禽羽洗涤剂

【原料配比】

原　料	配比（质量份）			
	1#	2#	3#	4#
脂肪醇聚氧乙烯醚	15	30	5	10
十二烷基苯磺酸钠	6	2	20	2
十二醇聚氧乙烯(9)醚	8	5	2	25
羟乙基十一烷基羧甲基咪唑啉	5	10	1	6
乙二醇乙醚乙酸酯	4	6	1	6
羧甲基纤维素钠	1	2	0.1	1.5
乙二胺四乙酸二钠	3	6	1	2
柠檬酸	适量	适量	适量	适量

【制备方法】

(1)将羧甲基纤维素钠制成羧甲基纤维素钠水溶胶。

(2)在装有慢速搅拌器的容器中,边搅拌边依次加入水、乙二胺四乙酸二钠、十二烷基苯磺酸钠、十二醇聚氧乙烯(9)醚、羟乙基十一烷基羧甲基咪唑啉、脂肪醇聚氧乙烯醚、乙二醇乙醚乙酸酯,搅拌均匀后,再加入上述羧甲基纤维素钠水溶胶。

(3)用柠檬酸调节上述混合剂的酸碱度,使 pH 至 5~6。

【产品应用】 本品用于洗涤禽羽。

【产品特性】 本品具有脱脂去污效率高;低泡、易漂洗;洗涤后的禽羽具有良好的抗静电性和蓬松度;使用时,直接用水稀释,无须高温加热,室温洗涤,不伤羽毛,方便、安全、无毒、无污染。

实例 16　多功能清洗液

【原料配比】

原　　料	配比(质量份)
水	35
甜菜碱	40
脂肪醇硫酸钠	12
硼酸	5
柠檬酸	0.5
维生素 E	0.05
甘油	0.5
食盐	2
拉开粉	0.05
香精	0.01

【制备方法】 在水中加入甜菜碱和脂肪醇硫酸钠,不停地搅拌

1～2h;加入硼酸和柠檬酸,搅拌0.5～1h;加入食盐,搅拌0.5～1h;加入甘油和维生素E,搅拌0.5～1h;加入拉开粉和香精,搅拌0.5～1h,即得成品。

【产品应用】 本品可用于清除皮肤、衣物、皮制用品上的油漆、油墨、油污、顽渍。

【使用方法】 使用本产品清洗油漆、油污、顽渍时,将本产品倒出少许,搓揉片刻,再用抹布擦干,完全不用水。

【产品特性】 本品原料易得,生产工艺简单,使用时无须用水,可迅速清洁皮肤、衣物、皮制用品上的油漆、油墨、油污、顽渍,气味芳香,能有效滋润呵护肌肤,对人体健康无害。

实例17　去油渍洗涤剂

【原料配比】

原料		配比(质量份)	
		1#	2#
A型	蜜糖	5	—
	芝麻油	18	—
	茶油	3	—
	淀粉	73	—
	十二烷基苯磺酸钠	3	—
B型	中药无患子	—	75
	茶麸	—	18
	淀粉	—	2
	硬脂酸	—	2
	十二烷基苯磺酸钠	—	2
	水	—	适量

【制备方法】

1. A 型洗涤剂的制备：

(1)按各成分的比例称取材料。

(2)先将芝麻油放入器皿内,加入茶油拌匀。

(3)放入蜜糖,拌匀。

(4)放入十二烷基苯磺酸钠,拌匀。

(5)加入淀粉,拌匀,制成膏状。

(6)成品包装。

2. B 型洗涤剂的制备：

(1)按上述组合物的组成和质量份比例称取材料。

(2)将无患子和茶麸分别粉碎成为 300 ~ 350 目的粉状。

(3)以无患子∶水 =1∶10 的质量份比例,加入水泡无患子粉 1 ~ 2h;以茶麸∶水 =1∶5 的质量份比例,加入水泡茶麸粉 1 ~ 2h。

(4)将步骤(3)中的无患子粉、茶麸粉和水一起放入一器皿内,拌匀,并加热至沸,沸腾 5 ~ 8min 停止加热。

(5)冷却至 30℃时,过滤,取溶液。

(6)将所取溶液加热至 70℃时,加入硬脂酸,并不断搅拌使之溶解,拌匀后停止加热。

(7)冷却至 50℃时,加入十二烷基苯磺酸钠,搅拌的同时加热至 90 ~ 100℃时,再继续加热 10 ~ 15min,直到十二烷基磺酸钠完全溶解并拌匀后,停止加热。

(8)冷却至 60℃时,加入淀粉∶水 =1∶1 质量份比例的水溶液,加热并拌匀。

(9)加热至 100℃,维持该温度 2 ~ 5min,停止加热。

(10)冷却至常温,制成液状。

(11)成品包装。

【产品应用】　本品用于粘上油渍衣物的洗涤。

【产品特性】　本产品对人和衣物基本无伤害,不污染环境,充分利用同性相溶的原料,去油渍能力强,制作工艺简单经济,成本低。使用时将 A 或 B 型洗涤剂于衣物的油渍处,再搓洗,可用手洗或机洗,与现有的洗涤剂的洗衣方法无异,使用方便。

实例 18　乳状洗衣液

【原料配比】

原　　料	配比(质量份)
水	235
羧甲基纤维素(CMC)	1.2
脂肪醇聚氧乙烯醚硫酸钠(70%)	20
荧光增白剂(VBL)	1
水	455
氢氧化钠	16
4A 沸石	50
改性膨润土(B·T)	60
直链烷基苯磺酸	100
脂肪醇聚氧乙烯醚	24
椰子油二乙醇酰胺	14
有机硅消泡剂	1.2
水玻璃(模数为 2.2~2.9)	3
氯化钠	17.7
色素亮蓝	0.1
兰花香精	1.5
凯松 CG	0.3

【制备方法】　先在反应釜Ⅰ中加入水,边搅拌边加入 CMC、AES、VBL 制成溶液 A。在反应釜Ⅱ中加水 455kg,边搅拌边加入氢氧化钠、4A 沸石、B·T、直链烷基苯磺酸、脂肪醇聚氧乙烯醚、椰子油二乙醇酰胺、有机硅消泡剂、水玻璃(模数为 2.2~2.9)、氯化钠,待温度低于 40℃

以后,再依次加入上述 A 液、色素亮蓝、兰花香精、凯松 CG,即得成品。

【产品应用】 本品用于织物的洗涤。

【产品特性】 本产品洗涤效果好,又能使衣物柔顺、增白,直接使用时能高效去除局部污渍,该洗衣液外观好,呈乳状,均匀,细嫩,制造成本低,是一种较理想的环保型乳状洗衣液。

实例 19　“三合一”洗洁精

【原料配比】

原料	配比(质量份)	
	1#	2#
直链烷基苯磺酸钠	12	7
乙氧基醚硫酸钠	6	10
脂肪醇聚氧乙烯醚	4	6
烷醇酰胺	2.2	4
十二烷基二甲基苄基氯化铵	4	1
季铵盐阳离子型表面活性剂增效的硅酸钠	3	—
乙二醇硬脂酸酯	0.5	1.3
荧光增白剂	1.7	1.5
漂白剂(含亚胺的过氧酸)	3	—
过硼酸钠	—	1
四乙酰基乙二胺与壬酰氧基苯磺酸盐(各50%配制液)	1	0.5
消毒剂	3	2
pH 调节剂	适量	适量
增稠剂	适量	适量
香料	少许	少许
水	加至100	加至100

【制备方法】

(1)将水加热到70～80℃时,按配比加入直链烷基苯磺酸钠、乙氧基醚硫酸钠、脂肪醇聚氧乙烯醚、烷醇酰胺、十二烷基二甲基苄基氯化铵、季铵盐阳离子型表面活性剂增效的硅酸钠、乙二醇硬脂酸酯,在恒温下搅拌1～2h。

(2)上述过程完成后,冷却到45～55℃时,加入荧光增白剂、漂白剂和过硼酸钠、四乙酰基乙二胺与壬酰氧基苯磺酸盐(各50%配制液)消毒剂,恒温下搅拌20～40min。

(3)冷却至20～35℃时加入香料,pH调节剂、增稠剂进行调整,使pH达到6～8.5。

【产品应用】 本品集洗涤、漂白增白、杀菌柔软织物于一体,适宜于洗涤丝织品、毛料、床单等白色衣物。

【产品特性】 本品不含磷化物,具有性能温和,无毒性,对环境无污染。本品洗后的衣物洁白、留香、容软滑爽,富有弹性,并可杀灭多种病菌和微生物,防治大多数传染性皮肤病的传播,并可防止白色衣物泛黄。

实例20　杀菌型洗洁精

【原料配比】

原　　料	配比(质量份)
脂肪醇聚氧乙烯醚硫酸钠	7.5
脂肪酰二乙醇胺	5
十二烷基苯磺酸钠	12.5
乙二胺四乙酸	0.1
四硼酸钠	0.13
乙二醇丁醚	1
二氧化氯溶液(2.18%)	15(二氧化氯净含量为0.03)
去离子水	加至100
柠檬酸钠	调pH为8.0

【制备方法】

(1)按配方量加入十二烷基苯磺酸钠、脂肪醇聚氧乙烯醚硫酸钠、脂肪酰二乙醇胺、乙二胺四乙酸、四硼酸钠、去离子水,加热溶解。

(2)冷却至室温,边搅拌边缓慢加入二氧化氯溶液。

(3)加入乙二醇丁醚。

(4)用柠檬酸钠调节 pH 至 7.5 ~ 8.5。

【产品应用】 本品适用于杀菌洗洁,可有效杀灭乙肝病毒及大肠杆菌和黄色葡萄球菌等多种有害细菌。

【产品特性】 本品去污效果好,可有效杀灭乙肝病毒及大肠杆菌和黄色葡萄球菌等多种有害细菌,并能较长时间保存,其杀灭病毒效果较好,大大解决了一些杀菌洗洁精不易长期保存的问题,本品成本不高,有利于实际生产。

实例 21 无机低分子混盐洗涤剂

【原料配比】

原　料	配比(质量份)				
	1#	2#	3#	4#	5#
氧化钙	14.6	9.7	16.7	19.7	16.5
六水合氯化镁	48.3	53.3	50.6	53.3	51.3
硝酸铵	32.6	26.0	23.4	26.0	24.0
活性酸	4.5	11.0	9.3	1.0	8.2

【制备方法】 将固体氧化钙用至少 80 目的筛网筛过,加入六水合氯化镁中搅拌均匀,再加入硝酸铵,用活性酸按需要调节制品的 pH,待产品自然干燥或烘干后包装,即得成品。

【注意事项】 本品中氧化钙可由氢氧化钙代替,活性酸为草酸或硝酸。为提高制品的表观性能和气味还可在制品中加入适量的增白剂和香精。

【产品应用】 本品适用于纺织品洗涤、机器零件去油污等方面。

【产品特性】 该产品具有去污效果好、水溶性强、pH 适中、成本低的优点。

实例 22　无磷结构型液体洗涤剂

【原料配比】

原料		配比(质量份)		
		1#	2#	3#
阴离子表面活性剂	烷基苯磺酸钠(LAS)	13	18	13.8
	脂肪醇聚氧乙烯醚硫酸钠(AES)	4.75	—	—
	α-烯基磺酸钠(AOS)	—	—	4.0
非离子表面活性剂	脂肪醇聚氧乙烯醚(AEO-9)	4.0	4.0	4.0
无机洗涤助剂	沸石	22	22	16
	碳酸钠	3	5	6
	柠檬酸钠	6	—	—
	硅酸钠	5	5	5
荧光增白剂		0.2	0.2	0.2
分散剂聚丙烯酸		0.2	0.2	0.2
硅油		0.2	0.2	—
香精		0.2	0.2	0.2
水		加至 100	加至 100	加至 100

【制备方法】 将阴离子表面活性剂加入水中，加入硅油，充分搅拌后，加入非离子表面活性剂，充分搅拌至上述物料全部溶解，再加入荧光增白剂、碳酸钠，缓慢加入沸石，搅拌 10～30min 后，加入分散剂，

最后加入硅酸钠、柠檬酸钠和香精，搅拌 30～60min 后即得成品。

【产品应用】 本品用于洗涤衣物。

【产品特性】 本产品由于调整好表面活性剂、无机助剂、水和分散剂之间的比例，所以各组分形成一个比较稳定的状态－液晶态，大量不溶于水的固体颗粒可以稳定悬浮在水中，从微观来看，形成了一个稳定结构，所以是属于结构型液体洗涤剂的一种。从外观上看，液体是稳定不分层的，同时液体具有较高的黏度，但其流动性能良好，这就克服了一般液体洗涤剂不能加入大量无机洗涤助剂的缺点，降低了成本，增强了洗涤效果。

实例 23 无磷液体洗涤剂(1)

【原料配比】

原料	配比(质量份)		
	1#	2#	3#
烷基苯磺酸钠(30%)	—	5	6
脂肪醇聚氧乙烯醚硫酸钠	18	15	12
椰子油酰胺丙基甜菜碱(30%)	20	15	20
椰子油酸二乙醇酰胺(1∶1 型)	3	4	4
液体蛋白酶	0.3	0.35	1
甘油	3	3	5
硼砂	1	0.5	2
玉洁新(≥99%)	0.3	0.4	0.3
氯化钙	0.06	0.06	0.06
去离子水	加至 100	加至 100	加至 100
pH 调节剂	少许	少许	少许

【制备方法】 先将烷基苯磺酸钠、脂肪醇聚氧乙烯醚硫酸钠、

椰子油酰胺丙基甜菜碱、椰子油酸二乙醇酰胺，一起加入盛有温度为50～60℃的去离子水的反应釜中，充分混合，然后将温度降至30℃以下，再把甘油、硼砂、液体蛋白酶和氯化钙按先后顺序将其加入上述混合液混合，加入pH调节剂将上述混合液调pH至7～7.5，再将浓度为大于或等于99%的玉洁新加入混合液中搅拌（可以使用搅拌器，也可手动搅拌），即得成品。

【产品应用】 本品可广泛用于各种衣物，特别是对贴身衣物的洗涤，去污效果特好。

【产品特性】 本产品具有无磷有利环保、对衣物无腐蚀，对人体无害，去污能力强（其去污效果比现有无磷洗涤剂提高一倍），洗净度高，兼有消毒灭菌等功效；本品工艺简单，制作方便，易于批量生产。

实例24 无磷液体洗涤剂(2)

【原料配比】

原料	配比（质量份）							
	1#	2#	3#	4#	5#	6#	7#	8#
十二烷基苯磺酸钠	12	8	10	12	8	10	12	8
氧化玉米淀粉	12	10	12	10	12	12	10	12
脂肪醇聚氧乙烯醚	5	3	3	5	4	3	5	4
椰子油酸二乙醇酰胺	4	2	2	3	4	2	3	4
脂肪醇聚氧乙烯醚硫酸钠	4	4	4	2	3	4	2	3
三乙醇胺	3	2	3	2	3	2	2	3
硅酸钠	3	2	2	2	1	2	2	2
添加剂	2	2	2	1	1	1	1	1
α-烯基磺酸钠	—	—	—	—	—	—	—	5
水	71	60	60	57.5	57.5	59	59	59

续表

原料		配比(质量份)							
		1#	2#	3#	4#	5#	6#	7#	8#
添加剂	香精	0.1	0.1	0.1	0.1	0.1	0.1	0.1	0.1
	荧光增白剂	0.1	0.1	0.1	01	0.1	0.1	0.1	0.1
	十二烷基二甲基甜菜碱	1.8	1.8	1.8	1.0	1.8	1.8	1.8	1.8

【制备方法】

(1)按质量份数将氧化玉米淀粉10~12份、脂肪醇聚氧乙烯醚3~5份、椰子油酸二乙醇酰胺2~4份、脂肪醇聚氧乙烯醚硫酸钠2~4份、三乙醇胺2~3份混匀。

(2)在搅拌下缓慢将十二烷基苯磺酸钠8~12份加入55~71份95℃的水中,再缓慢加入硅酸钠1~3份溶解。

(3)将步骤(1)中的混合物加入步骤(2)的溶液中搅拌至均匀。

(4)将1~2份添加剂和α-烯基磺酸钠加入步骤(3)的混合物中,所述添加剂之间的质量份数比为:香精0.1~0.5份∶荧光增白剂0.1~0.5份∶十二烷基二甲基甜菜碱1~2份。

(5)冷却,包装。

【产品应用】 本品是一种无磷液体洗涤剂。

【产品特性】 本品用玉米淀粉水解氧化物来替代聚磷酸盐,减少对人体皮肤的损害,解决磷污染的环保问题,并且降低生产成本。玉米淀粉水解氧化物是一种含有羧基的多糖,对钙、镁等金属离子有较强的络合能力,可软化硬水,提高洗涤效果,不伤害人体的皮肤,与表面活性剂具有很好的复配性能,生产的无磷洗衣液去污能力强,高泡,色泽美观、使用方便,适合洗涤各种衣物。玉米淀粉来源广泛,价格较低,其水解氧化生产工艺简单,成本低,是一种具有较好发展前景的合成洗涤剂的助洗剂。

实例25　羊毛衫防缩水抗静电洗涤剂

【原料配比】

原　　料	配比(质量份)
脂肪醇聚氧乙烯醚硫酸钠	7～20
十八烷基二甲基氯化铵	1～10
羟基改性硅氧烷乳液	0.1～3
咪唑啉	2～10
羧甲基纤维素	4～7
香料	适量
去离子水	65～85

【制备方法】　将各组分溶于水中,搅拌混合均匀即可。

【产品应用】　本品用于洗涤羊毛织物。

【产品特性】　本产品不但有迅速溶解各种污垢的特效功能,同时还具有防缩、抗静电多种功能。本剂对织物无腐蚀,用本剂处理后的织物不缩水、不变形、手感柔软、抗静电性能好。本剂物化性能均优于国内市场上使用的各种液体洗涤剂。

实例26　羊毛织物洗涤剂

【原料配比】

原　　料	配比(质量份)
AEO－9	15
双十八烷基二甲基氯化铵	3
椰子油二乙醇酰胺	5
氯菊酯	0.7
香精	0.1
水	加至100

【制备方法】　先在配制缸中加入水,加热至70～80℃后加入双十八烷基二甲基氯化铵,冷却至60℃时加入AEO－9和椰子油二乙醇酰胺,搅拌均匀,然后冷却至40℃,加入氯菊酯、香精,搅拌均匀后包装。

【产品应用】　本品用于羊毛织物的洗涤。

【产品特性】　本产品具有中性、柔软调理功能和防蛀功能,同时本产品在配制、使用过程中不易分层,且其中防蛀剂在洗涤系统中不易挥发。且经过织物风格仪测定,柔软效果明显,防蛀测试表明,防蛀效果达到1A级水平。

实例27　液体洗涤剂(1)

【原料配比】

原　　料	配比(质量份)		
	1#	2#	3#
脂肪醇聚氧乙烯醚磷酸酯盐	10	18	15
十二烷基苯磺酸钠	5	8	—
脂肪醇聚氧乙烯醚硫酸钠	5	8	5
聚乙烯吡咯烷酮	1	2	—
荧光增白剂	0.3	0.4	—
香精	0.05	0.1	—
去离子水	加至100	加至100	加至100

【制备方法】　配制时将各组分加入水中,在常温下搅拌混合均匀即得成品。

【产品应用】　本品适用于棉、麻、化纤、丝、毛和羽绒及其制品的洗涤。

【产品特性】　本品原材料易购、成本低廉、容易实施,无螯合剂与无机助剂,节省资源,保护环境。成品外观透明,性能稳定,去污能力强。对人体皮肤无刺激和伤害,可提高人们生活质量;经济、社会效益明显,宜于推广应用。

实例28　液体洗涤剂(2)

【原料配比】

原料		配比(质量份)		
		1#	2#	3#
阴离子表面活性剂	烷基苯磺酸钠(LAS)	11.25	16	12
	脂肪醇聚氧乙烯醚硫酸钠(AES)	4.75	—	—
	α-烯基磺酸钠(AOS)	—	—	4.0
非离子表面活性剂	脂肪醇聚氧乙烯醚(AEO-9)	4.0	4.0	4.0
无机助剂	三聚磷酸钠	1.5	1.5	1.5
	碳酸钠	3.0	3.0	6.0
	硅酸钠	2.0	2.0	5.0
增白剂		0.2	0.2	0.2
硅油		0.2	0.2	—
增稠剂聚丙烯酸类		0.5	0.5	0.2
水		加至100	加至100	加至100

【制备方法】　先将阴离子表面活性剂加入计量水中,再加入硅油,充分搅拌后,加入非离子表面活性剂,直到溶解完全,加入增白剂后,再缓慢加入无机洗涤助剂,并开始对固体进行粉碎均质,然后加入增稠剂,搅拌均匀后,再加入硅酸钠和香精,搅拌60min后即得成品。

【产品应用】　本品用于织物洗涤。

【产品特性】　本产品由于调整好了表面活性剂、无机助剂、水和分散剂之间的比例,解决了生产中无机助剂水化结块的问题,使固体颗粒达到一定的细度,各组分形成一个比较稳定的状态－液晶态,大量不溶于水的固体颗粒可以稳定悬浮在水中,从微观来看,形成一个稳定结构,所以是属于结构型液体洗涤剂的一种。从外观上看,液体是稳定不分层的,同时加入了耐盐性能好的高分子增稠剂,在使液体保持较高黏度的同时,又具有良好的流动性,易于倾倒。这就克服了一般液体洗涤剂不能加入大量无机洗涤助剂的缺点,降低了成本,增强了洗涤效果。

实例29　液体洗涤剂(3)

【原料配比】

原　　料	配比(质量份)			
	1#	2#	3#	4#
脂肪醇聚氧乙烯醚硫酸钠	14	5	15	8
十二烷基苯磺酸钠	3	5	2	10
脂肪酸二乙醇酰胺	2	5	4	7
双氧水	5	5	2	3
氨水	0.8	4	2.5	1
去离子水	45	—	60	75
食用香精	—	0.07	0.04	0.06
饮用纯净水	—	90	—	—

【制备方法】　将上述原料用手工或机械搅匀,然后灌装,即可得到成品。

【产品应用】　本品用于对各种干渍如机械油迹、食用油渍、血渍、圆珠笔芯油墨、果汁饮料污渍、茶渍等的清洗。

【产品特性】　本品对各种干渍如机械油迹、食用油渍、血渍、圆珠笔芯油墨、果汁饮料污渍、茶渍等有较好的去除效果;在洗涤时不会产生泡沫,可以缩短洗涤时间和节约水源。

实例30　液体洗涤消毒剂

【原料配比】

原　料	配比(质量份)
脂肪醇聚氧乙烯醚硫酸钠	110
十二烷基二甲基叔胺醋酸钠	30
十二醇硫酸钠	10
脂肪醇聚氧乙烯醚	2.5
二硫苏糖醇	8
尿素	10
戊二醛(50%)	20
脂肪醇二乙醇酰胺	40
菠萝香精	2
去离子水	767.5

【制备方法】

(1)分别将脂肪醇聚氧乙烯醚硫酸盐、十二醇硫酸钠、脂肪醇二乙醇酰胺加入去离子水中并搅拌30~60min进行乳化，溶解后加入十二烷基二甲基叔胺及其醋酸盐继续乳化溶解，用柠檬酸调节溶液pH为5.5~6.5，过滤去除杂质。

(2)分别将脂肪醇聚氧乙烯醚、二硫苏糖醇和尿素加入去离子水中并搅拌溶解，用柠檬酸调节溶液pH至5.5~6.7后加入戊二醛并混匀，过滤去杂质。

(3)将步骤(1)所得物料加入步骤(2)所得物料中并充分混匀，用柠檬酸或碳酸氢钠调节溶液pH至5.5~6.7，然后加入水果型香精并加入少量食盐调节溶液黏度为0.4~2Pa·s(25℃)，静置消泡后装袋即得成品。

【产品应用】　本品广泛适用于宾馆、医院、学校、家庭中对织物、果菜、餐具、器皿和家具等物品的洗涤消毒，特别是能够用于预防和治疗各种皮肤病、性病、肝炎等疾病。

【产品特性】 本品生产工艺简单,性能稳定,不易水解,可在海水或硬水中使用,具有洗涤和消毒两种功能,不损伤织物,不刺激皮肤,可杀灭多种病菌病毒。

实例 31　衣物洗涤剂

【原料配比】

原　　料	配比(质量份)
十二烷苯磺酸钠	5.8
脂肪醇聚氧乙烯醚硫酸钠	5.5
椰油酰二乙醇胺	1.55
脂肪醇聚氧乙烯醚	4.2
脂肪酸钾皂	8.4
凯松	0.08
香精	0.22
柠檬酸	1.0
氯化钠	0
软水	加至 100

【制备方法】 将各组分溶于水中,搅拌混合均匀,即可成品。

【产品应用】 本品特别适用于衣物的清洗。

【产品特性】 本品的阴离子表面活性剂与非离子表面活性剂,其整体配方配伍良好,能够有效控制洗涤剂的泡沫,有利于洗涤漂清。其中皂本身是一种优良的阴离子表面活性剂,集去污力、携污力和消泡力于一身。皂类天然脂肪酸作为消泡剂比表面活性剂泡沫介质表面张力更低,低的表面张力,能够进入空气/水的界面铺展开来。疏水性的皂类取代了界面间的表面活性剂,最终使泡沫破裂。

实例32　衣物油渍洗涤剂

【原料配比】

原　　料	配比(质量份)
蜂蜜	5
芝麻油	18
茶油	3
淀粉	73
十二烷基苯磺酸钠	3

【制备方法】　按上述组合物的组成及质量份比例取材料；先将芝麻油放入器皿内，加入茶油拌匀；放入蜂蜜，拌匀；放入十二烷基苯磺酸钠，拌匀；加入淀粉，拌匀，制成膏状；成品包装。

【使用方法】　将洗涤剂涂于衣物的油渍处，再搓洗，可用手洗或机洗，与现有的洗涤剂的洗衣方法无异，使用方便。

【产品应用】　本品用于衣物洗涤。

【产品特性】　本产品成分大多数采用天然原材料，成品洗涤剂的pH为6.5，呈弱酸性，对人和衣物基本无伤害，不污染环境。该洗涤剂充分利用同性相溶的原料，去油渍能力强，制作方法简单经济，成本低。

实例33　真丝洗涤剂

【原料配比】

原　　料	配比(质量份)
单硬脂酸甘油酯	3
季铵盐	5
异丙醇	1
烷醇酰胺	1
非离子表面活性剂	5

续表

原　　料	配比(质量份)
防腐助洗添加剂	1
香料及留香剂	0.1
水	加至100

【制备方法】 单硬脂酸甘油酯与适量水加热混溶,冷却过程中加季铵盐继续冷却至室温,依次加入异丙醇、烷醇酰胺混匀,再加入非离子表面活性剂、防腐助洗添加剂、香料及留香剂,加水至共100份搅拌均匀即可。

【产品应用】 本品除可用于真丝织物的洗涤外,还可以洗涤羊毛、棉、麻等天然纤维纺织品。

【产品特性】 本产品去污力强,兼有抗皱柔软,防雾,防蛀效果,洗后织物色泽丰满,织物挺括,洗涤剂不含磷酸盐,生物降解作用好,有利于环境。

实例34　婴幼儿尿布专用洗涤剂

【原料配比】

原　　料	配比(质量份)		
	1#	2#	3#
脂肪醇聚氧乙烯醚	144	—	109
十二烷基聚氧乙烯醚	—	218	143
脂肪醇聚氧乙烯醚硫酸钠	72	82	126
十五烷基聚氧乙烯醚硫酸钠	—	27	—
乙醇	41	73	62
丙二醇	52	—	—
异丙醇	—	—	35

续表

原料	配比（质量份）		
	1#	2#	3#
去离子水	691	600	525
荧光增白剂	适量	适量	适量
香精	茉莉香 适量	玫瑰香 适量	柠檬香 适量
色素	果绿 适量	—	粉红 适量
柠檬酸	适量	适量	适量

【制备方法】 以1#配方的制备工艺为例：

（1）称取400份去离子水，脂肪醇聚氧乙烯醚（醚聚合度为10），在室温下搅拌，使其完全溶解，约16min，备用。

（2）称取200份去离子水，脂肪醇聚氧乙烯醚硫酸钠（醚聚合度为3），在室温下搅拌，使其完全溶解，约10min，备用。

（3）称取91份去离子水、乙醇和丙二醇及适量的荧光增白剂、果绿色素，在室温下搅拌，使其完全溶解并混合均匀，约6min，备用。

（4）将上述三种配制好的溶液混合，并加入适量的茉莉香精，在室温下搅拌，使之混合均匀，约4min。

（5）用去离子水将柠檬酸配成适当浓度的溶液，并用其调节步骤（4）所得溶液，使其pH至中性即可。

【产品应用】 本品用于婴幼儿尿布、衣物的洗涤（手洗、机洗均可），对于婴幼儿尿布，衣物上的粪便、尿渍、奶渍、油渍等污垢洗涤效果极佳，本品也可用于精细织物的洗涤。用本品洗过的尿布、衣物，婴幼儿穿上后对其皮肤无任何刺激，对身体健康无损害。

【产品特性】 本品有三个显著特点：一是，本配方采用复配表面活性剂（非离子型表面活性剂和阴离子型表面活性剂）作为主要组分，由于它们性能的不同（包括极性、烷基碳链长短、醚聚合度等），在对污垢作用时,它们各自独立,同时又相辅相成,故本品有极强的去污能力,洗衣效果很好;二是,加入的少量低碳醇(如乙醇、丙二醇等)可使表面活性剂的胶团容易生成,使之易与水分子缔合,从而加强了清洗剂的渗透作用,有利于提高洗涤效果;三是,本品呈中性,不含烷基苯磺酸及其盐、脂肪醇硫酸盐、磷酸盐或多聚磷酸盐等危害或潜在危害婴幼儿及成人身体健康,污染环境的物质,而且极易被生物降解。

实例35　多功能羊毛衫洗涤剂

【原料配比】

原　　料	配比(质量份)
十二烷醇硫酸钠	2
十二烷基二甲基苄基氯化铵	2
氧化叔胺	2
二十烷基甜菜碱	4
脂肪醇聚氧乙烯醚	8
烷基醇酰胺	3
柠檬酸	10
去离子水	69
香精、颜料	适量

【制备方法】　将十二烷醇硫酸钠加入50份水中,加温、搅拌使其全部溶解,加热温度控制在70℃以下;在上述已完全溶解的溶液中加入十二烷基二甲基苄基氯化铵,搅拌使其均匀;加入氧化叔胺与二十烷基甜菜碱,搅拌使其均匀,加热温度控制在50℃左右;在上述溶液中再加入脂肪醇聚氧乙烯醚,搅拌至溶液完全澄清;然后加入烷基醇酰胺,搅拌均匀;加入柠檬酸,充分搅拌,使该溶液的pH控制在6.5～7;最后加入适量香精、颜料,并加入19份去离子水,搅拌均匀,即得成品。

【注意事项】　本配方设计思路是:将去污能力强但调理性差的阴

离子表面活性剂与去污能力差但柔软性、调理性好的阳离子表面活性剂辅以其他类型的表面活性剂和助剂复配出澄清透明、水溶性极好，兼有阴、阳两种离子表面活性剂优点的羊毛衫洗涤剂。

通过上述生产工艺制备的羊毛衫洗涤剂为无色或淡绿色黏稠状透明体，pH 为 6.5 ~7，具有花香气味，储藏时不分层、不沉淀。本工艺很好地解决了阴、阳离子表面活性剂配伍性差，混合后出现还溶性沉淀物的问题。

【产品应用】 本品主要用于羊毛制品的洗涤。

【产品特性】 本品去污能力强，洗涤后的羊毛衫蓬松柔软，色泽鲜艳、防尘抗静电、杀菌消毒，是理想的羊毛织品洗涤剂。

实例 36　抗皱抗泛黄的丝毛洗涤剂

【原料配比】

原　料	配比（质量份）							
	1#	2#	3#	4#	5#	6#	7#	8#
椰子油二乙醇酰胺	3	3	7	5	4	5	4	6
聚乙烯吡咯烷酮	0.6	0.2	0.5	0.3	0.4	0.3	0.2	0.5
C_{12} ~ C_{15} 脂肪醇聚氧乙烯醚	2	6	1	5	4	5	6	3
缩水山梨醇月桂醇单脂聚氧乙烯醚	9	6	8	1	4	6	1	7
TAB－12（1231）季铵盐型阳离子表面活性剂	0.6	4	4	3	2	3	1	4
香精	适量	适量	适量	适量	适量	适量	适量	适量
去离子水	加至100	加至100	加至100	加至100	加至100	加至100	加至100	加至100

【制备方法】 在反应锅内，先将聚乙烯吡咯烷酮用去离子水溶

解，升温至40℃，搅拌至1h，再加入椰子油二乙醇酰胺、C_{12}～C_{15}脂肪醇氧乙烯醚和缩水山梨醇月桂醇单脂聚氧乙烯醚和TAB－12（1231）季铵盐型阳离子表面活性剂，边搅拌、边升温、边加水至预定值，在70℃下保温1h后降温至40℃，加入香精搅拌15min，放料，冷却，隔天灌装。

【产品应用】 本品主要用于真丝、羊毛、丝绸、涤棉等织物的洗涤。

【产品特性】 本品由于组分中不含荧光增白剂、漂白剂等对真丝、羊毛有操作的化学品，从而延长了丝、毛制品的使用寿命。由于洗涤剂组分中含有增柔、抗静电、防污垢再淀积的表面活性成分，不仅具有对丝毛松软、抗皱、抗泛黄的功能，并且对已缩水的羊毛织物有一定程度的复原作用，还对合成纤维、混纺纤维的平滑性能有显著的提高作用。

实例37　防褪色羊毛洗涤剂

【原料配比】

原　　料	配比（质量份）		
	1#	2#	3#
平平加O	1.5	2.8	2.1
脂肪醇聚氧乙烯醚硫酸钠	2	1.1	3.8
十二烷基苯磺酸钠	10	5.2	18
EDTA二钠	0.2	0.3	0.15
硫酸铜	0.4	0.2	0.58
氯化钠	1	1.8	0.6
羧甲基纤维素钠	0.3	0.45	0.12
柠檬酸	10	6.6	18
香精	适量	适量	适量
水	加至100	加至100	加至100

【制备方法】 称取平平加O加入20份80℃热水在匀质器中搅拌令其全部溶解。再加入61.63份冷水搅匀，使温度下降，搅拌至室

温。将脂肪醇聚氧乙烯醚硫酸钠加入匀质器搅拌 20min 使之全部溶解,然后加入十二烷基苯磺酸钠搅拌至全部溶解。使 EDTA 二钠和硫酸铜溶解于上述配制的溶液中,再加入氯化钠搅拌至全部溶解。用羧甲基纤维素钠增稠以上溶液,加入柠檬酸使溶液的 pH 调节至 2.5 ~4,加入适量香精搅拌 30min,静置 12h 即可灌装。

【注意事项】 本品是由表面活性剂、匀染剂、无机与有机助剂和水经复配而成的液体洗涤剂。

在本产品的组成中,表面活性剂主要为去除毛线或毛制品上的污垢,为达到此目的其他常规用表面活性剂也可采用。另如抗再沉积的组分可选用聚乙烯吡咯烷酮。经实验证实,选用柠檬酸并配以硫酸铜作助剂,使洗涤剂的 pH 控制在 2 ~4 的范围时防褪色效果最佳。

【产品应用】 本品适用于毛线及毛制品的洗涤,尤其对毛衣拆洗时毛线的洗直处理具有优良的防褪色功能。

【使用方法】 使用时将适量的本品倒入容器中,以 80℃以上的热水冲沏后,把欲洗涤的拆后毛线浸泡进容器,经适当轻柔洗涤,即可去除污垢,洗直毛线,并能使毛线保持比用纯热水浸洗还小的褪色率,色泽鲜艳。

【产品特性】 与常规用洗衣粉或液体洗涤剂冲以开水浸泡拆洗的毛线相比,采用本产品,除同样可起到去污洗直的作用外,尤其具有防止毛线褪色,减轻散毛现象的突出特点。在用于洗涤其他毛制品,如洗涤整件花色毛衣时可起到防止颜色串染,减轻毛面散损的作用。

实例 38 防辐射衣物专用洗涤剂

【原料配比】

原料	配比(质量份)			
	1#	2#	3#	4#
脂肪醇聚氧乙烯醚硫酸钠	10	10	13	15
油酸三乙醇胺盐	2	—	—	—
月桂酸钠	2	2	2	2

续表

原　　料	配比(质量份)			
	1#	2#	3#	4#
脂肪醇聚氧乙烯(7)醚	—	—	5	—
脂肪醇聚氧乙烯(9)醚	3	3	—	1
十二烷基二甲基甜菜碱	3	3	4	5
乙二胺四乙酸二钠	0.2	0.2	0.2	0.2
香精	0.1	0.1	0.1	0.1
防腐剂	0.1	0.1	0.1	0.1
去离子水	79.6	79.6	75.6	76.6

【制备方法】

(1)依次加入计量好的去离子水、月桂酸钠,油酸三乙醇胺盐、乙二胺四乙酸二钠,搅拌并升温至50~60℃,再加入脂肪醇聚氧乙烯醚硫酸钠、脂肪醇聚氧乙烯醚,十二烷基二甲基甜菜碱,搅拌使之溶解。

(2)降温至30℃以下,加入防腐剂、香精,搅拌使之溶解。

(3)用300目滤网过滤后检测合格后包装。

【注意事项】　所述阴离子表面活性剂选自以下一种或两种以上的组合:脂肪醇聚氧乙烯醚硫酸钠、月桂酸钠、*N*-酰基谷氨酸盐、油酸三乙醇胺盐、脂肪醇聚氧乙烯醚磷酸三乙醇胺盐。

所述非离子表面活性剂选自以下一种或两种以上的组合:脂肪醇聚氧乙烯醚、脂肪酸聚氧乙烯酯、椰子油脂肪酸二乙醇胺、烷醇酰胺。

所述两性表面活性剂选自以下一种或两种以上的组合:十二烷基甜菜碱、月桂基两性丙基磺酸盐、羧酸盐型咪唑啉两性表面活性剂。

所述螯合剂选自以下一种或两种以上的组合:乙二胺四乙酸、乙二胺四乙酸钠盐、氨基三乙酸、氨基三乙酸钠盐、乙二胺四丙酸、乙二胺四丙酸钠盐、环己烷二胺四乙酸、环己烷二胺四乙酸钠盐、二乙三胺五乙酸、二乙三胺五乙酸钠盐。

【产品应用】　本品是一种防辐射衣物专用洗涤剂。

【产品特性】　本品中性低刺激，去污力好，洗涤时泡沫少，易漂洗，洗后衣服柔软抗静电，常洗不会损伤衣物中的金属纤维。

实例39　兼有去污和柔软功能的洗涤剂

【原料配比】

原　　料	配比(质量份)				
	1#	2#	3#	4#	5#
脂肪醇聚氧乙烯醚羧酸钠	10	8	6	5	1
1－甲基－2－牛油基－3－乙基酰胺咪唑啉硫酸甲酯胺	0.5	3	5	5	6
二氢化牛油二甲基硫酸甲酯胺	7	4	6	2	0.5
烷基葡萄糖苷	9	2	4	6	5
月桂基酰胺丙基甜菜碱	1	6	5	1	4
椰油酰胺丙基氧化胺	3	4	3	6	0.5
脂肪醇聚氧乙烯(9)醚	5	10	1	4	6
脂肪醇聚氧乙烯(7)醚	3	0.5	5	2	3
脂肪醇聚氧乙烯(5)醚	20	5	10	12	15
香精	02	0.2	0.4	0.3	0.3
1,2－苯并异噻唑啉－3－酮	0.1	0.5	0.3	0.2	0.25
一水合柠檬酸	2	1.5	1	0.8	0.05
去离子水	39.2	55.3	53.3	55.7	58.4

【制备方法】　将去离子水总量的70%～85%加热至60～80℃并置于化料釜中，然后边搅拌边加入脂肪醇聚氧乙烯(9)醚，脂肪醇聚氧

乙烯(7)醚、脂肪醇聚氧乙烯(5)醚、脂肪醇聚氧乙烯醚羧酸钠、烷基葡萄糖苷、月桂基酰胺丙基甜菜碱、椰油酰胺丙基氧化胺、1－甲基－2－牛油基－3－乙基酰胺咪唑啉硫酸甲酯胺、二氢化牛油二甲基硫酸甲酯胺，待所述原料全部溶解后，冷却至35～45℃，再加入香精、1,2－苯并异噻唑啉－3－酮及剩余去离子水，搅拌均匀后用一水合柠檬酸调节pH为6～7，再次搅拌均匀并静置，即得成品。

【产品应用】　本品是一种兼具去污和柔软功能的洗涤剂。

【产品特性】　本品克服了阳离子表面活性剂复配时易生成无表面活性的大分子基团、造成活性剂失活的缺陷，对离子表面活性剂进行合理配伍，加入了柔软性、乳化力、抗静电能力俱佳的温和、低刺激的两性表面活性剂协同作用，在清洁织物的同时增加织物柔软的质感。且本品的洗涤剂稳定性好，水溶性好，柔软性好，护色效果显著，可保护织物、降低洗涤成本。本品对环境友好，无毒、无刺激，去污、柔软、除静电一次完成，从而节约资源，提高效率。

实例40　浓缩型多酶洗涤液

【原料配比】

原料	配比(质量份)					
	1#	2#	3#	4#	5#	6#
尼泊金甲酯	1	—	1.5	—	0.5	5
尼泊金乙酯	0.5	1	—	0.5	0.5	—
尼泊金丙酯	—	—	3	1.5	1.5	—
脂肪醇聚氧乙烯醚硫酸钠	55	60	45	—	—	—
椰子油脂肪酸二乙醇酰胺	200	—	—	150	—	—
月桂酰胺丙基氧化胺	—	180	—	80	80	220

续表

原　　料	配比(质量份)					
	1#	2#	3#	4#	5#	6#
椰油酰胺丙基氧化胺	—	50	105	—	—	—
烷基糖苷	—	—	150	100	120	180
苯甲酸钠	50	30	—	—	—	20
乙酸钠	—	15	55	38	65	—
丙二醇	55	40	50	72	65	80
三乙醇胺	60	80	55	70	65	30
亚硫酸钠	44.5	20	35	25	60	10
氯化钙	5	1	0.8	2.5	3.5	0.1
柠檬酸钠	60	35	50	20	40	20
柠檬酸	65	45	18	30	58	10
有机硅	0.05	1	—	—	0.4	0.1
蔗糖酯(SE－1)	—	—	—	0.1	—	—
蔗糖酯(SE－3)	0.5	—	0.8	—	0.2	0.3
蛋白酶	12	30	20	24	30	26
脂肪酶	9	18	23	10	26	15
淀粉酶	5	4	14	5	16	10
纤维素酶	4	12	10	2	8	8
去离子水	474.45	378	363.9	369.4	360.4	365.5

【制备方法】

(1)将尼泊金酯溶于丙二醇中,然后加入三乙醇胺、脂肪醇聚氧乙烯醚硫酸钠、椰子油脂肪酸二乙醇酰胺、有机硅、蔗糖酯,制成溶液A备用。

(2)将去离子水加热至60～70℃,加入苯甲酸钠、亚硫酸钠、氯化钙、柠檬酸钠、柠檬酸,冷却至室温,再依次加入蛋白酶、脂肪酶、淀粉酶和纤维素酶,制成溶液B。

(3)将溶液A和溶液B混合后即可得到浓缩型多酶洗涤液成品。

【注意事项】　所述有机防腐剂为尼泊金甲酯或/和尼泊金乙酯或/和尼泊金丙酯;所述表面活性剂为脂肪醇聚氧乙烯醚硫酸钠或/和椰油酰胺丙基氧化胺或/和椰子油脂肪酸二乙醇酰胺或/和月桂酰胺丙基氧化胺或/和烷基糖苷;所述酶稳定剂为苯甲酸钠或/和乙酸钠;所述消泡剂为有机硅或/和蔗糖酯;所述生物酶为蛋白酶或/和脂肪酶或/和纤维素酶或/和淀粉酶。

【产品应用】　本品为浓缩型多酶洗涤液。

【产品特性】　本品利用酶稳定剂苯甲酸钠、乙酸钠来有效地保护生物酶的活性,防止生物酶之间的相互分解破坏,再配合多种表面活性剂、防腐剂的协同作用,使本品的洗涤剂产品性能稳定、储存期长,分解生物组织的能力强。本品的浓缩洗涤液中所含多种高活性生物酶,洗涤时发生协同作用,可以迅速、有效地分解人体分泌物和生物组织,既减少了手术器械高昂的维护工作,又可以达到更好的消毒效果,避免了因清洗不彻底带来的巨大工作量以及出现再次感染的现象。本品适于清洗各种医疗器械、医院外科床单、工作服等,对于内窥镜、手术剪、止血钳等也有很好的清洗效果。

实例41　纯棉衣物洗涤剂

【原料配比】

原　料	配比(质量份)					
	1#	2#	3#	4#	5#	6#
水	50	59.9	80	67.5	65.7	69.9
氨基二乙酸钠	20	5	1	5	2	2
十二醇聚氧乙烯醚硫酸钠	20	12	10	10	17	15
脂肪醇聚氧乙烯醚	13	10	3	8	8	6

续表

原　　料	配比(质量份)					
	1#	2#	3#	4#	5#	6#
椰子油酸二乙醇酰胺	3	1	2	5	3	2
香精	1	0.1	1	0.5	0.3	0.1
三乙醇胺	1	6	1	3	2	2
氯化钠	2	6	2	1	2	3

【制备方法】

(1)按50~80份水,1~20份氨基二乙酸钠,10~20份十二醇聚氧乙烯醚硫酸钠,3~13份脂肪醇聚氧乙烯醚,1~5份椰子油酸二乙醇酰胺,0.1~1份香精,1~6份三乙醇胺,1~6份氯化钠称取各组分。

(2)将步骤(1)中称取的各组分在反应釜中加工:在反应釜中加入水,打开反应罐蒸汽阀门,反应罐夹层进蒸汽,使反应罐内升温至50℃,打开反应罐进料孔,投入氨基二乙酸钠,搅拌20min,投入十二醇聚氧乙烯醚硫酸钠、脂肪醇聚氧乙烯醚、椰子油酸二乙醇酰胺,关闭反应罐进料孔,搅拌30min,关闭反应罐蒸汽阀门,打开反应罐循环冷却水进出阀,向反应罐夹层进冷却水,使反应罐内降温至30℃,关闭反应罐循环冷却水进出阀,并维持反应罐内温度,打开反应罐进料孔,投入三乙醇胺和氯化钠,搅拌溶解30min,投入香精,关闭反应罐进料阀,搅拌20min,即得成品。

【产品应用】　本品是一种全棉衣物洗涤剂组合物。

【产品特性】　本品能有效除去衣服上的污物、油垢、果汁、血渍、有害微生物等,不伤害衣物纤维、保护衣物色彩、低泡易投洗,洗涤去污能力强、气味清新、不伤皮肤,安全环保、不污染水源等特点。

第二章　居室洗涤剂

实例1　玻璃特效洗涤剂

【原料配比】

原　　料	配比(质量份)			
	1#	2#	3#	4#
皂素	10	1.0	10	15
α-酮戊二酸	8	25	0.5	10
碳酸钠	20	40	—	30
氢氧化钠	—	—	5.0	—
烷基苯磺酸钠	—	—	2.0	—
月桂醇聚氧乙烯醚	—	2.0	2.0	5.0
烷基硫酸钠	5	—	—	—
三聚磷酸钠	2	1.0	5	2
去离子水	加至100	加至100	加至100	加至100

【制备方法】 将各组分溶于水中，混合均匀即可。

【注意事项】 本品配制原理是在碱性条件下使用皂素、α-酮戊二酸完成对蛋白质及染料的分解和消化作用，加入少量表面活性剂提高清洗效果，加入少量三聚磷酸钠以避免清洗时阳离子在玻片表面形成沉淀。

【使用方法】 将洗涤剂加入1000mL水中充分溶解，即可使用。将被污染的玻璃片投入清洗液中浸泡15~30min，取出。清水冲洗3~5min，即可达到完全清洁的目的，该清洗液还可重复使用。

【产品应用】　本品适用于清洗被蛋白质、染料污染的器皿、织物等，尤其适用于医院化验用载片玻璃、玻璃器皿的清洗。

【产品特性】　本品配制工艺简单，产品去蛋白质、染料污垢能力强，使用方法简便，能有效减轻劳动强度。

实例2　玻璃去污防雾剂

【原料配比】

原　　料	配比（质量份）					
	1#	2#	3#	4#	5#	6#
无水乙醇	20	18	20	15	10	20
丙二醇	10	5	13.75	10	15	11.5
异丙醇	10	7	5	9	15	14.5
椰子油脂肪酸二乙醇酰胺	10	8.5	20	15	5	12.5
香精	1	1.5	1.25	1	1	1.5
纯净水	49	60	40	50	54	40

【制备方法】　在带搅拌器的不锈钢釜中，将各成分按先后顺序依次加入无水乙醇、丙二醇、异丙醇、椰子油脂肪酸二乙醇酰胺，搅拌10min均匀后，再加入香精和水，进行二次搅拌，直至完全混合均匀，即可灌装使用。

【使用方法】　取普通喷涂的小型器械，摄取本剂适量，摇匀用软布擦拭后，即可达到去污防雾的效果，而且可保持3～18天。

【产品应用】　本品可广泛用于汽车、轮船、收音机的风挡玻璃上以及人们佩戴的眼镜、头盔风镜上。

【产品特性】　本品配方、工艺简单，去污防雾效果显著，无腐蚀、不燃烧、不污染环境，不影响玻璃的透光性和反光性，使用安全，应用广泛，防雾时间长，去污力强。

实例3　住宅玻璃清洗气雾剂

【原料配比】

实例1

原　　料	配比(质量份)
脂肪醇聚氧乙烯醚	0.30
氨水(28%)	1.00
异丙醇	35.00
香精	0.05
蒸馏水	59.65
抛射剂正丁烷	2.00
抛射剂丙烷	2.00

【制备方法】　先将异丙醇和氨水、香精置于容器中搅拌混合均匀后,再加入脂肪醇聚氧乙烯醚和蒸馏水,继续搅拌充分混合均匀后即配制成气雾剂原液,然后充装抛射剂。

实例2

原　　料	配比(质量份)
十二烷基硫酸钠	0.20
异丙醇	35.00
乙醇(95%)	35.00
香精	0.10
蒸馏水	19.70
抛射剂正丁烷	10.00

【制备方法】　先将异丙醇、乙醇和香精充分搅拌混合均匀后,加入十二烷基硫酸钠和蒸馏水。最后,再与抛射剂混合,即制得气雾剂成品。

【使用方法】 将气雾剂直接喷射在被清洗的玻璃表面。然后用布擦洗或用水冲洗。

【产品应用】 使用此剂既省时又省力,且清洗迅速,适用于住宅玻璃以及高层建筑窗玻璃的清洗。

【产品特性】 使用本品既省时又省力,且清洗迅速、彻底。

实例4　玻璃制品清洗剂

【原料配比】

原　料	配比(质量份)				
	1#	2#	3#	4#	5#
膨润土(230目以上)	4	5	5	5	8
月桂酸	6	6	6	6	6
氢氧化钾	2	1.5	2	2	2
甘油	3.78	3.78	3.78	—	—
硬脂酸镁(或硬脂酸锌)	1.5	1.5	1.5	1.5	1.5
蒸馏水	10	10	10	10	10
乙二醇	—	—	—	3.33	3.33

【制备方法】 将氢氧化钾溶于水中,加入月桂酸,搅拌下加热至50~60℃溶化,然后加入甘油、硬脂酸镁(或硬脂酸锌)、膨润土和乙二醇,必要时可添加色素,加热50~80℃搅拌均匀,即得到产品。

【使用方法】 将少量本清洗剂涂在被清洗器件表面,然后用干布擦拭,或在干布上黏附少量清洗剂而后擦拭被清洗器件表面。本清洗剂不需要预洗和后洗。

【产品应用】 本品主要用于清洗玻璃以及眼镜、电视屏幕、各种透镜,也可用于清洗玻璃钢器件、电镀器件等。

【产品特性】 本清洗剂采用膨润土作为吸附剂,不仅原料易得价格低廉,而且清洗效果好。制作过程中无须皂化,制作工艺简单。

实例5　地毯清洗剂

【原料配比】

原　　料	配比(质量份)		
	1#	2#	3#
脂肪醇聚氧乙烯醚	1.5	3	2.25
椰子油基二乙醇酰胺	1	2	1.5
亚硫酸氢钠(或亚硫酸钠)	1.4	3	2
水	100	100	100

【制备方法】　将表面活性剂脂肪醇聚氧乙烯醚、椰子油基二乙醇酰胺、柔软剂亚硫酸氢钠或亚硫酸钠溶于水中，搅拌均匀，即得成品。

【产品应用】　该清洗剂适用于纯毛地毯织品的洗涤，也适用于原毛及毛织品、化纤地毯织品的洗涤。本品主要是改变了传统次氯酸钠法洗涤的工艺，在使用中，在30～60℃温度下将地毯浸入0.1%～2%清洗剂水溶液中浸泡20～30min，用刮板刮洗毯面，再用清水漂洗干净后烘干，或者先甩干后烘干即可，经过采用该清洗剂洗涤后的地毯，其光泽、手感、柔软度、清晰度有显著提高。

【产品特性】　该清洗剂采用表面活性剂、柔软剂配制而成，它替代了已有的次氯酸钠法洗涤工艺，洗涤效果好，从而解决了有害气体的污染，改善了生产条件，同时可大大提高地毯的手感、光泽度、柔软度及清晰度。

实例6　地板砖清洗增亮剂

【原料配比】

原　　料		配比(质量份)
乳化剂	巴西棕榈蜡	10
	蜂蜡	6
	石蜡	4

续表

原　料		配比(质量份)
乳化剂	油酸	3.6
	1,4-氧氮杂环己烷	2.8
	松节油	1
	硼砂	0.8
	水	71.8
溶剂	脱色虫胶	2.8
	氨水	0.4
	水	16.8
	色素、香精	适量

【制备方法】

(1)制备乳化剂:首先将巴西棕榈蜡、石蜡、蜂蜡放入带有蒸气夹层的搅拌器内,加热至90~95℃后将所有蜡全部熔化并在其中加入油酸,待熔化均匀,再将1,4-氧氮杂环己烷徐徐加入搅拌3~5min,再加入松节油搅拌3min,将硼砂溶于50倍的开水中,徐徐加入上述溶液并搅拌使蜡液合成物变成黏稠状的透明液体,然后继续加入开水,使溶液由浓变稀,搅拌均匀并慢慢冷却至常温,然后过滤。

(2)制备溶剂:将一部分水及氨水混合共热至55~60℃,搅拌并将虫胶缓缓加入,同时将温度缓慢升至90℃,待虫胶全部溶解后,将剩余部分水加入并冷却至常温,冷却过程需不断搅拌。

(3)制备成品:取乳化剂100份、溶剂20份混合均匀后,通过胶体磨,即得本品。

【注意事项】 巴西棕榈蜡、蜂蜡、石蜡的选择及其配比是根据其软硬度以一定比例以达最佳乳化和亲合效果,增加与物质表面的吸附力,并能够增加强度、硬度,起到增光、增亮和抗湿抗老化的效果。油酸、油溶性物质可起到良好的溶剂乳化效果。对氧氮环己烷是优质的蜡的乳化剂。松节油或松香有减少泡沫、擦亮防滑的作用,松节油使用方便,松香则根据需要进行常规处理。硼砂是稳定的乳化剂,具有防腐作用。脱色虫胶可增强黏附力,固化强度高,耐磨抗湿性好。氨水具有催化作用及增白作用。色素可以是群青,可起到脱黄、增白、增艳的作用。

【使用方法】 可用干净棉布或软刷揩擦即可,经高速磨光后,效果更佳。

【产品应用】 本品为地板砖清洗用品,是一种能较好地和地板砖去污更新剂配套使用的使多种硬、软质高级基材,如木质雕塑、石英、大理石、水磨石地板在用去污更新剂去污更新后,涂上可使地板砖表面形成一层保新增亮保护膜的地板砖保新增亮剂。本品无毒无蚀,不易燃烧。

【产品特性】 本品具有较高的抗污力,高度防尘、防滑,光洁明亮,抗高温,干燥速度快,无异味,易操作。

实例7　卫生间高效清洁剂

【原料配比】

原　　料	配比(质量份)	
	1#	2#
高级脂肪酸钠	21	28
三聚磷酸钠	1.5	1.5
升华硫黄	11	9
石蜡	26	29
水	9	11

【制备方法】 按配比将所有原料混合搅拌,再用成型机挤压成型,最后包装即可。

【产品应用】 本品可放入水箱内缓慢溶解,然后随下水一起流入便池,具有防垢、除臭及杀菌的作用,省去经常需要人工刷洗的麻烦,每100g放入水箱中可连续使用3个月。

【产品特性】 本品为固体,运输携带方便,生产工艺简单,清洗效果好。

实例8 卫生间用清洗剂

【原料配比】

原料	配比(质量份)
浓盐酸(37%)	20
十二烷基苯磺酸钠	3
二甲苯磺酸钠	3
脂肪醇聚氧乙烯醚	2
硫酸钠	4
羧甲基纤维素钠	3
薄荷型香料	0.1
邻苄基对氯苯酚	0.1
水	64.8

【制备方法】 在室温下,将盐酸加入水中,然后加入十二烷基苯磺酸钠、二甲苯磺酸钠于水中,搅拌混匀至全溶,再加入脂肪醇聚氧乙烯醚于混合液中,搅拌混匀,待其全部溶解后再加入硫酸钠、薄荷型香料、邻苄基对氯苯酚。再次搅拌混匀至全部组分溶解,最后加入羧甲基纤维素纳,搅拌然后加热至80℃,此时溶液呈黏稠状即可。

【产品应用】 本品主要用于清洗卫生间设施、瓷砖、地面、便池、马桶等设备的表面污物,清洗效果极佳。

【产品特性】 由于加入了复合型表面活性剂及酸,去污力强,且所用的表面活性剂易被生物降解,排入环境后,对环境的影响时间较短,去污效果佳,且清洗剂中有增稠剂,对清洗垂直表面和倒置表面上的污物效果更好;不含磷,对环境的污染小;由于含有杀菌剂,可有效地杀灭千种传染性疾病的病源性微生物,防止疾病的传播。

实例9　卫生设备清洗剂

【原料配比】

原　　料	配比(质量份)
磷酸(85%)	15
十二烷基苯磺酸钠	8
三聚磷酸钠	1.5
香料	适量
染料	适量
水	加至100

【制备方法】　先用适量的水将十二烷基苯磺酸钠和三聚磷酸钠溶解,然后缓慢加入磷酸,再加入少量的香料和染料,并充分搅拌混匀。最后再加入水,使总量达到100,再搅拌均匀即可。如果使用的原料中含有杂质,应在分装前进行过滤或沉淀除去。

【使用方法】　只需用刷子蘸取少量本清洗剂,在被清洗的卫生设备表面来回刷几次,然后用清水冲洗即可。

【产品应用】　本清洗剂可广泛用于清洗陶瓷、不锈钢和搪瓷制成的卫生设备,如便池、痰盂、抽水马桶、澡盆、洗手盆等表面的各种污垢,特别是对尿垢、茶迹、油污有很强的清洁能力。

【产品特性】　本清洗剂具有酸性适中、有一定的黏度、与污垢反应快、对陶瓷、搪瓷和不锈钢卫生设备表面的腐蚀性很小,即年腐蚀率不超过0.05mm,对皮肤腐蚀性较小的特点。产品的性能较稳定。

实例10　卫生间除垢清洗粉

【原料配比】

原　　料	配比(质量份)
酸式硫酸盐	70
摩擦剂	20

续表

原　　料	配比(质量份)
亚硝酸钠	30
烷基苯磺酸钠	4
草酸	3
香料	适量

【制备方法】 取上述各原料通过搅拌、粉碎,包装即得成品。

【使用方法】 将除垢粉撒在湿拖把或泡沫刷把上,轻擦污垢处即可。

【产品应用】 本产品不仅对清洗卫生间污垢有效,而且还能清洗各种盆、碗、杯中污垢。

【产品特性】 本产品去垢能力强,清洗速度快,使用携带方便。本品是固体粉状,便于储运,生产工艺简单,成本低廉,投资少,效益高,使用方便。

实例11　卫生间抗菌清洁剂

【原料配比】

原　　料	配比(质量份)
海洋生物氨基酸盐	1.0～6.0
仲烷基磺酸钠(SAS60)	10.0～12.0
油酸酰胺	5.0～10.0
脂肪醇聚氧乙烯醚	3.0～5.0
盐酸	10.0～15.0
单水柠檬酸	5.0～10.0
纯化水	加至100
香精和染料	适量

【制备方法】

(1)在变速混合器中缓缓加入水、海洋生物氨基酸盐搅拌。缓缓加入单水柠檬酸、油酸酰胺并同时搅拌以避免产生大量气泡。

(2)按配比加入仲烷基磺酸钠 SAS60、脂肪醇聚氧乙烯醚进行乳化反应。

(3)加入盐酸调节酸碱度,按需加入香精和染料。

【产品应用】　本品用于卫生间和便盆及瓷砖、墙面的污垢去除和消毒。

【产品特性】　本品具有抗菌去污效果显著;无毒、无色、无味、无刺激、无腐蚀性;化学性质极为稳定;对卫生间和便盆及瓷砖、墙面的污垢祛除和消毒有特效;工艺简单,成本低等特性。

实例 12　杀菌型多功能卫生间清洗剂

【原料配比】

原　　料	配比(质量份)
盐酸	20
异丙苯磺酸	1
表面活性剂(SAA)	3
抗坏血酸	0.3
改性戊二醛	0.3
桉油	0.1
氨基磺酸	4
氯化镍	1
尿素	1
氨基硅油	0.3
来苏尔	1
水	68

【制备方法】 将各组分溶于水中,混合均匀即可。

【产品应用】 本产品配方合理,外观为亮绿色透明液体,生产工艺简单,广泛适用于家庭、宾馆、公共场所的卫生清洗、杀菌、除臭。

【产品特性】 本品采用以盐酸为主,配加有机酸、表面活性剂、缓蚀剂、杀菌剂组成,能快速彻底清除铁锈、尿垢、水垢、油等各类有机、无机污垢,独特设计的缓蚀剂配方能在钢铁表面形成一层稳定的保护膜,并对其表面和人体皮肤无腐蚀性。采用乙二醛、改性戊二醛、来苏尔作为杀菌剂,其杀菌广谱、气味芳香,除臭性好。

实例13　中性浴缸清洁剂

【原料配比】

原　　料	配比(质量份)
十二烷基苯磺酸	5
乙二胺四乙酸二钠盐	10
N - 甲基 - 2 - 吡咯烷酮	5
尿素	8
香精	0.2
pH 调节剂 NaOH	适量
水	加至 100

【制备方法】 将上述组分加入混合罐中进行搅拌复配,然后调节 pH 至 7 ~ 8 即可。

【产品应用】 本品主要用于浴缸的清洗。

【产品特性】 由于本品技术采用了表面活性剂、螯合剂,使用产品的 pH 为 7 ~ 8,呈中性,因此使本产品具有生产方便,使用性能安全可靠,具有去污力强且不损伤浴缸表面等优点。

实例14　液态厕盆清洁剂

【原料配比】

原　　料	配比(质量份)
脂肪醇聚氧乙烯醚	3
十二烷基三甲基氯化铵	10
牛油氨基磺酸盐	5
盐酸	10
蓝色染料(1%水溶液)	0.3
香精	0.2
水	加至100

【制备方法】　将各组分依次加入水中,在常温下搅拌,混合均匀,进行灌装即可。

【产品应用】　本品主要用于清洗厕所、卫生间的厕盆。

【产品特性】　由于产品中采用上述酸性去垢剂、芳香剂、着色剂及具有增稠、渗透、润湿、增溶、缓蚀、杀菌等综合作用的表面活性剂复配体系,使产品具有合适的黏度,较好的渗透、润湿、增溶、增稠效果,使产品对厕盆特有的水锈、黄垢具有很强的去除作用,其去污力比同浓度的纯酸溶液有了很大的提高,产品也具有较好的腐蚀抑制性能,对厕盆陶瓷表面无腐蚀性,可以防止表面损伤,将腐蚀性小和去污力强这一对矛盾统一了起来。同时产品还具有杀菌消毒功能,可以杀灭多种对人体有害的细菌,起到消除卫生间臭味,保持卫生间清洁的作用。此外该产品生产工艺简单,设备投资少,易于工业化生产,且不用进行加热,能源消耗少。

实例15　厕盆保洁剂

【制备方法】

原　　料	配比(质量份)
脂肪酸三乙醇胺	25
硬脂酸甲酯二乙醇酰胺	12

续表

原　　料	配比(质量份)
脂肪醇聚氧乙烯醚	20
异龙脑	5
十二烷基硫酸钠	14
芒硝	17
EDTA 二钠	0.5
蓝色染料	5
香精	1.5

【制备方法】 将上述成分按比例混合,碾磨,送入压条机挤压成条,然后切块,包装即可。

【使用方法】 将产品投入小箱中即可。本产品可以直接投入水箱中在溶解速度调节剂的作用下,使本品能缓慢均匀溶解于水中,通过观察显示剂的颜色变化,判断该物是否可以继续使用。

【产品应用】 本品用于卫生间厕盆的清洁去污。

【产品特性】 由于本产品直接投入水箱使用,使有效物质溶于水中,使冲水清洗、杀菌、除臭一次完成,起到保持抽水马桶清洁的作用,同时散发清香,净化空气,使冲洗水呈有色,对卫生间环境起到美化作用。此外,由于采用挤压成型工艺,使本产品的生产速度快,可以通过流水线进行生产,取代了传统的采用铸模、压模生产工艺,省却了加热、脱模等过程,用挤压工艺使本产品可做成不同的形状,产品表面光滑、均匀、内部结构紧密,且外表较硬,便于运输包装。

实例16　厕所清洁剂

【原料配比】

原　　料	配比(质量份)
脂肪醇聚氧乙烯基醚(9)	12
脂肪醇聚氧乙烯基醚(20)	18

续表

原 料	配比(质量份)
硬脂酸	12
聚丙烯酰胺	5
碳酸氢钠	30
聚乙二醇 6000	11
乙二胺四乙酸四钠	5
对二氯苯	3
香精(柠檬香型)	4
染料(水溶直接耐晒翠蓝)	5

【制备方法】 将脂肪醇聚氧乙烯基醚(9)、脂肪醇聚氧乙烯基醚(20)、聚乙二醇 6000、硬脂酸、香精加入加热釜中,在 60 ~ 80℃温度下熔融,再加入对二氯苯、碳酸氢钠、乙二胺四乙酸四钠、聚丙烯酰胺粉料和染料,然后在 60℃左右下浇注成型。

【产品应用】 本品主要用于厕所清洗。

【产品特性】 本清洁剂具有杀菌、除臭、防垢、清洁的作用。其缓溶过程有水溶性高聚物的溶解和皂化反应进行,因而能有效地控制缓溶速度。所有原料全部是生物降解的,不污染环境。制作工艺简单。

实例 17 多功能固体清洁剂

【原料配比】

原 料	配比(质量份)	
	1#	2#
十二烷基苯磺酸钠	1.5	3.5
烷基醇酰胺	2.0	1.0
不饱和脂肪酸(C_{12} ~ C_{14})	3.7	2.7

续表

原　　料	配比(质量份)	
	1#	2#
硅酸钠	0.5	0.5
硫酸钠	1.5	1.5
硼酸	0.1	0.1
石蜡	0.6	0.6
邻苯基苯酚(或间甲酚)	0.08	0.08
染料和香料	0.02	0.02
氢氧化钠溶液(30%)	0.04	0.04

【制备方法】 将不饱和脂肪酸在溶化配料釜中加热至60℃,搅拌下加入氢氧化钠溶液,保持此温度下分别将十二烷基苯磺酸钠、烷基醇酰胺、硅酸钠、硫酸钠、硼酸、间甲酚、染料加入并搅拌均匀,逐渐降温,在45℃时将已熔化的石蜡和香料加入搅拌均匀,冷却至室温。压条切块即得成品。

【使用方法】 每次取一块固体芳香清洁剂装入特制的塑料盒内,放入冲厕所的水箱中,盒内清洁剂在水中缓慢溶解、释入,待拉水冲厕所时,水中的清洁剂会自动将厕所便器冲洗干净,并同时杀灭细菌,散发香气。以0.02%浓度试验,5min内杀死金黄色葡萄球菌、溶血性链球菌、肺炎双球菌、伤寒杆菌、白喉杆菌、乙型肝病毒,加氏痢疾杆菌98%以上,每块固体清洁剂可使用10天,比较经济。

【产品应用】 本品用于厕所卫生洁具除垢、消毒、杀菌及去除异味。

【产品特性】 本品去污防污效果明显,杀菌能力强,消除异味及清新空气。使用方便,节省人力,经济实用。

实例18 抽水马桶清洁剂

【原料配比】

原料	配比(质量份)
水	5
氢氧化钠(工业级)	4.1
烷基苯磺酸钠	26.0
酸性湖蓝	4.0
食用亮蓝	2.0
缓释—赋形剂Ⅰ	11
缓释—赋形剂Ⅱ	10.5
无机纳米抗菌粉	0.9
元明粉	35
改性纳米香精	1.5

【制备方法】 准确称取自来水,放入不锈钢桶中,边缓慢搅拌边加入工业氢氧化钠,待氢氧化钠固体溶解后,再缓慢倒入具有搅拌加热装置的捏合机中,在缓慢搅拌下,加入烷基苯磺酸钠,此时捏合机内产生化学反应并产生热量,趁热依次加入酸性蓝色染料、缓释—赋形剂Ⅰ、缓释—赋形剂Ⅱ、无机纳米抗菌粉、元明粉,保持捏合机内的加热温度在40～80℃,搅拌捏合时间为0.5～1.0h,之后自然冷却,然后加入改性纳米香精,继续搅拌捏合至膏体均匀,随后加工成型即得成品。

【注意事项】 缓释—赋形剂Ⅰ为黄原胶与硬脂酸的混合物,缓释—赋形剂Ⅱ为黄原胶与硫酸铜的混合物,构成缓释—赋形剂Ⅰ的黄原胶含量为45%～55%、硬脂酸的含量为38%～48%;构成缓释—赋形剂Ⅱ的黄原胶的含量为50%～60%、硫酸铜的含量为30%～45%。

无机纳米抗菌粉为市售的且由锌盐或/和银盐、纳米二氧化钛与稀土元素经共沉淀而形成的;上述改性纳米香精为市售且由纳米氧化硅、纳米二氧化钛与香精所构成的透明膏状物，该改性的纳米香精的香型可以是松木、松杉、青草等香料。

【产品应用】 本品用于清洁卫生设施。

【产品特性】 本产品是一种利用卫生间抽水马桶去味、抑垢、抑菌清洁剂。本产品为无磷配方，不会产生环境的二次污染；操作工艺简单，产品具有可塑性，易于加工，由于采用纳米材料，所以其具有独特的清除异味的功能，同时由于加入改性的纳米香精，所以又可缓慢释放出令人心怡的大自然香气。

实例 19　长效抽水马桶清洗剂

【原料配比】

原　　料	配比(质量份)
聚乙二醇(分子量 10000)	30
对二氯苯	47
十二烷基苯磺酸钠	15
六偏磷酸钠	5
蓝色染料	1
香料	2

【制备方法】 在一装有搅拌器的加热容器中，加入聚乙二醇、对二氯苯、十二烷基苯磺酸钠、六偏磷酸钠、蓝色染料及香料。升温，搅拌至熔融，将熔融液注入内衬聚乙烯的模具中。冷却后，即得产品。每块产品重 30 ~ 100g，使用期可达 1 ~ 3 个月。

【使用方法】 将产品悬挂于抽水马桶中，能有效地杀菌除臭和清洗污垢。

【产品应用】 本品可用于抽水马桶的清洗。

【产品特性】 本品同时具有杀菌及清洗两重功能。该清洗剂使用期长，在 1 ~ 3 个月内均可保持有效作用。其抑杀大肠杆菌能力可达到 95% 以上，对陶瓷厕盆的除污能力可达到 96% 以上，对陶瓷厕盆表面无腐蚀。使用该清洗剂后,可减少马桶用水,并使厕所空气清新。

实例 20　厕所除臭清洁剂

【原料配比】

原　　料	配比(质量份)					
	1#	2#	3#	4#	5#	6#
聚乙二醇	2	5.5	6.5	2	5.5	6.5
乳酸	0.5	1.2	2	0.5	1.2	2
甘油	0.4	1.0	1.5	0.4	1.0	1.5
尿素	0.5	2	6	0.5	2	6
自来水	0.1	1.5	1.5	0.1	1.5	1.5
香料	—	—	—	0.05	0.51	—
色素	—	—	—	0.1	0.6	1

【制备方法】　将自来水注入容器中,加热容器,使水温保持在50~90℃,并在此温度条件下,将聚乙二醇、乳酸、甘油、尿素、色素、香料加入该容器中,使之在水溶剂中全部溶解,并混合搅拌均匀,开成混合溶液;然后,使该混合溶液自然冷却,凝固成固体,即得成品。

此外,也可以在不加水的条件下进行生产,其制作工艺方法是:先按上述任一实施例中给定的聚乙二醇、尿素两种组分的相应质量,将该两组分置入容器内,然后,加热容器使该两种组分在50~90℃的温度范围内熔化成液体,并在此温度条件下,按该实施中给定的其余各组分相应质量,将该各组分(除水以外)加入容器中,并使之溶解,待搅拌均匀后,再使该混合溶液自然冷却,凝固成固体,即得成品。

【使用方法】　将本产品浸入厕所水箱的水溶剂中即可。例如:可先将本产品盛装在一个能够以靠自重沉入水底,而且其壁板上带有若干通孔的罐状体容器内,然后,将该容器放入厕所水箱内腔中即可。

【产品应用】　本品用于清洗厕所马桶,有除臭效果。

【产品特性】　本品原材料来源广泛,价格较低,制作工艺简单易行，所以其生产成本低于现有同类产品成本，因而易于推广应用；由于其主要组分中含有在常温水溶剂中溶解速度较为缓慢的聚乙二醇及尿素两种物质，故其有效期延长，一般可达两个月左右，从而能延长更换间隔时间，方便使用，并能相应地降低使用成本；由于主要组分均具有较好的杀菌除臭性能，故其除臭效果明显提高。

实例21　固体防垢除臭清洗剂

【原料配比】

实例1

原　　料	配比(质量份)
十二烷基苯磺酸钠	20
十二烷基硫酸钠	5
苯甲酸	1
对二氯苯	1
硫酸钠	5
三聚磷酸钠	1.5
香料	2
亮蓝染料	0.05

【制备方法】　称取十二烷基磺酸钠、十二烷基硫酸钠、苯甲酸、对二氯苯、硫酸钠、三聚磷酸钠、香料、亮蓝，放入混合容器中，搅拌均匀后，放入烤箱升温至40℃，即刻放入长方体模具中压铸成型，取出即可。

实例2

原　　料	配比(质量份)
烷基硫酸钠(C_{10} ~ C_{14})	15
苯甲酸钠	1
对二氯苯	1

续表

原　　料	配比(质量份)
无水硫酸钠	2
磷酸三钠	8
玫瑰香	2
苋菜红	0.05
水	1

【制备方法】 称取烷基硫酸钠 $C_{10} \sim C_{14}$、苯甲酸钠、对二氯苯、无水硫酸钠、磷酸三钠、玫瑰香、苋菜红，加水搅拌均匀后，放入烤箱中，升温至45℃，即刻放入方体模具中压铸成型，取出即可。

实例3

原　　料	配比(质量份)
十二烷基苯磺酸钠	50
十二烷基硫酸钾	15
苯甲酸	2
对二氯苯	3
硫酸氢钠	7
六偏磷酸钠	6
香料	2
果绿	0.05

【制备方法】 称取十二烷基苯磺酸钠、十二烷基硫酸钾、苯甲酸、对二氯苯、硫酸氢钠、六偏磷酸钠、香料、果绿搅拌均匀后，放入烤箱升温40℃，即刻放入长方体模具中压铸成型，取出即可。

【产品应用】 本品是一种固态块状并配以不同颜色的便池用除垢、除臭、消毒杀菌并可连续放香的清洗剂。

【使用方法】 将本清洗剂装入料盒中，盖上盖并固定盒盖，再将连接有料盒的吊钩钩挂在便池边缘，此时，装有固体防垢除臭清洗剂的料盒中的固体防垢除臭清洗剂的料盒紧贴在便池内壁上，随着水箱的冲水水流，将料盒中的固体防垢除臭清洗剂溶解一部分并扩散到便池四周，从而达到便池防垢、除垢、阻垢、消毒杀菌、除臭、放香的作用。

【产品特性】 本技术与现有技术相比，其最突出的优点是除垢、阻垢、消毒杀菌可同时完成，并且具有连续除臭放香的功能，可连续使用（料盒内固体除臭剂可及时更换），对厕所设备无腐蚀作用，对环境无副作用。本品是一种最理想的新型固体防垢除臭清洗剂。

实例22　去污除臭清洗剂

【原料配比】

原　　料	配比（质量份）		
	1#	2#	3#
三聚磷酸钠	1.5	1.5	1.5
柠檬酸	7.5	5	7.5
乳酸	7.5	7	5
磷酸	16	22	8
烷基苯磺酸钠	8	10	6
羧甲基纤维素	1	1	—
水	50	60	30

【制备方法】 依次将三聚磷酸钠、柠檬酸、乳酸、磷酸、烷基苯磺酸钠、羧甲基纤维素加入水中，加微热搅拌反应，过1h后过滤即得成品。

【产品应用】 本品用于清洗抽水马桶、便桶、金属排污管道、洗水盂、痰盂、地砖、面砖、石英等时，加入一定量本品，静候5～10min，用刷之类轻轻擦洗就能轻易地去除粘着垢物，对于抽水马桶洗液还能对排污管S弯与V拐弯处自动起乳化、酸溶清洗作用。

【产品特性】 本品是一种气味清香、低泡的均匀液体，在零下6℃保持不结晶，40℃保持不分层。由磷酸等组成的弱酸既不会腐蚀金属管，又能对管道内壁起磷化防腐作用，延长其使用寿命，经使用表明本品对人体衣物无损害。

实例23　通用硬表面清洗剂

【原料配比】

原　　料	配比（质量份）
脂肪醇聚氧乙烯醚硫酸钠	0.4
脂肪醇聚氧乙烯醚	0.3
乙醇	2
异丙醇	0.4
乙二醇单丁醚	0.4
N－甲基吡咯烷酮	0.4
三聚磷酸钠	0.4
硅酸钠	0.4
香料、色素	0.2
去离子水	加至100

【制备方法】 将水加入混合罐中，在搅拌下依次加入各组分，使其溶于水中，混合均匀即得本品。

【产品应用】 本品适用清洗多种硬表面，可用于清洗玻璃、地板、家具、瓷砖等多种表面，是一种通用性硬表面清洗剂。

【产品特性】 本品中含有脂肪醇聚氧乙烯醚硫酸钠以及溶油性能较好的有机溶剂乙二醇单丁醚、*N*－甲基吡咯烷酮，因此去油去污性能良好，加入无机助剂后，提高了其润湿、乳化、螯合性能，使该清洗剂具有通用性。

本清洗剂无异味，不混浊，其稳定性好，在零下10℃和40℃下分别放置24h，不分层，无沉淀，其硫、磷、砷含量及pH、黏度等均符合液体洗涤剂的国家标准。

实例24　下水管道疏通清洁剂

【原料配比】

原　料	配比(质量份)
氢氧化钠	80
氯化钠	8
滑石粉	2
铝粉	4
三聚磷酸钠	1.5
表面活性剂	2
香精	微量

【制备方法】　将块状的氢氧化钠破碎成小块，然后与氯化钠、滑石粉一起加入粉碎机中，研细混匀。加入三聚磷酸钠、表面活性剂、香精，再混合研细。按比例加入铝粉，混合均匀，则制成下水疏通清洁剂。以50～55g为每塑料袋包装量，封口储存。以300～320g为每塑料瓶包装量，密封贮存，储于通风干燥处，印有碱性腐蚀物品的标志。

【注意事项】　本品的使用原理，是依据氢氧化钠的强碱性来腐蚀、破坏直到溶解堵塞下水管道中毛发、纤维、布条、菜叶等有机物。若40g固体氢氧化钠溶解于200mL水时，放出大量热量，使水温高达90℃左右，因此有利于破碎毛发、纤维、布条、菜叶等堵塞物。另外温度高时，促使铝粉与氢氧化钠的剧烈反应，生成大量氢气，使破碎的堵塞物在下水道中上下翻动，产生松动作用的机械推动力。三聚磷酸钠和表面活性剂具有对泥土、油类有悬浮、分散、胶溶及乳化作用，有利于疏通清洁下水道的堵塞物作用。通过直接化学反应以及由反应所产生的机械推动力和热量，起到疏通、杀菌、除臭、除垢、除油的作用。

【产品应用】　下水道因毛发、纤维、布条、菜叶等堵塞时，当下水道管径在3~5cm，则将一塑料袋（50g）的下水疏通清洁剂一次性倒入，然后加入约200mL水，静置0.5h后，用大量水清洗即可。若管径大于5cm，可适量增加1~2袋下水疏通清洁剂，加水量也相应增加倍数。对铸铁、陶瓷、水泥、塑料管没有腐蚀作用。

【产品特性】 本品使用方便，作用迅速，在清洗下水道的同时疏通堵塞物，避免人工清洁疏通的麻烦。

实例25　玻化抛光地板砖清洗剂

【原料配比】

原　料	配比（质量份）		
	1#	2#	3#
氢氧化钠	1	—	5
氢氧化钾	—	3	—
磷酸三钠	5	7	1
碳酸钠	4	1	7
十二烷基苯磺酸钠	5	—	12
十二烷基硫酸钠	—	8	—
脂肪醇聚氧乙烯醚	12	8	4
硬脂酸	2	6	10
柠檬香精	0.5	—	—
桂花香精	—	1	—
茉莉香精	—	—	2
石英粉	10	20	30
滑石粉	30	20	10
水	加至100	加至100	加至100

【制备方法】 先将氢氧化钠或氢氧化钾、磷酸三钠和碳酸钠溶于水中，完全溶解后加入表面活性剂十二烷基苯磺酸钠、十二烷基硫酸钠和脂肪醇聚氧乙烯醚，再加入硬脂酸，然后加入香精，将上述物质混合均匀后放置 24～72h，最后加入石英粉和滑石粉并混合均匀，即得成品。

【产品应用】 本品用于清除渗入玻化抛光地板砖内部微细孔的各种污渍。

【产品特性】 本品不含酸性物质，因此不损害砖面亮度，另外这种清洗剂不易燃，也不需要浸泡，能够快速彻底清除渗入玻化抛光地板砖内部微细孔的各种污渍。

实例 26　玻璃防雾清洁剂

【原料配比】

原　　料	配比（质量份）			
	1#	2#	3#	4#
脂肪醇聚氧乙烯醚硫酸钠（AES）	0.6	3.8	3	2
水	91	89.15	88.47	90.4
十二烷基二甲基甜菜碱（BS－12）	5.7	2.2	5	4
脂肪酰胺聚氧乙烯醚磺基琥珀酸单脂二钠盐（BG－2C）	0.4	1.8	0.5	1
苯甲酸钠	0.4	0.05	0.03	0.4
工业乙醇（95%）	1.4	3	2	2
香精	0.5	—	1	0.5

【制备方法】 先将 AES 投入水中搅拌溶化；然后投入 BS－12、BG－2C、苯甲酸钠搅拌均匀；再加工业乙醇和香精搅拌均匀，即得成品。

【产品应用】 本品可广泛用于家庭、浴室、宾馆、车船、摩托车头盔等处玻璃防雾，也可以防止冬天玻璃上结霜，并兼有清洁玻璃以及清新空气的作用。

【产品特性】 本品无毒、无臭、无副作用，生产工艺简单，应用范围广。

实例27　固体多功能清洁剂

【原料配比】

原　料	配比（质量份）	
	1#	2#
十二烷基苯磺酸钠	3.5	1.5
烷基醇酰胺	1.0	2.0
不饱和脂肪酸（C_{14} ~ C_{22}）	2.7	3.7
硅酸钠	0.5	0.5
硫酸钠	1.5	1.5
硼酸	0.1	0.1
石蜡	0.6	0.6
间甲基苯酚	0.08	—
邻苯基苯酚	—	0.08
染料、香料	0.02	0.02
氢氧化钠溶液（30%）	4	4

【制备方法】 将不饱和脂肪酸加热至60℃，待全化后加入氢氧化钠溶液并搅拌均匀呈黏胶状，加入除石蜡和香料以外的所有组分并搅拌均匀，冷却物料至40～45℃，加入石蜡和香料搅匀，或注入块状模具中冷却至室温而成块状，也可将物料冷却后压条，切块，即得成品。

【产品应用】 本品用于厕所卫生洁具的清洗。

【产品特性】 本品配方合理，产品去污防污效果明显，杀菌能力强，消除异味及清新空气；使用方便，经济实用。

实例28　含氧洗涤剂

【原料配比】

原　　料	配比(质量份)		
	1#	2#	3#
过碳酸钠	75.0	75.0	60.0
纯碱	22.0	22.0	—
碱性蛋白酶	0.35	0.35	—
羧甲基纤维素(CMC)	0.25	0.25	0.30
漂白活化剂甲乙酰乙二胺(TAED)	2.4	2.4	—
壬酰氧苯磺酸钠(NOBS)	—	—	2.3

【制备方法】　将过碳酸钠、纯碱、碱性蛋白酶、CMC、TAED，NOBS放入混合机内，启动机器，混合5～25min后放料，即得成品。

【注意事项】　为防止在洗涤时污垢再沉积在织物表面，可在含氧洗涤剂中加入抗污垢再沉积剂，其加入量可为含氧洗涤剂质量的0.1%～0.5%。抗污垢再沉积剂可为羧甲基纤维素。

为使该含氧洗涤剂在低温下也能发挥其特别的漂白洗涤效果，壬酰氧苯磺酸钠、癸酰氧苯磺酸钠(DOBS)等的任一种或一种以上的混合物。

【产品应用】　本品可应用于织物、灰泥、淋浴帘、垃圾桶、废物箱、鱼缸、木地板及其他物体表面，能有效去除酒类、果汁、宠物的污迹及其他污迹。

【产品特性】　本品不含有磷洗衣粉中的三聚磷酸钠、表面活性剂及无磷洗涤剂中的荧光增白剂，对人和环境都是相对安全的，且不仅具有极好的洗涤效果，洗涤能力高于普通洗衣粉，还具有杀菌、消毒、漂白增艳等功能，该含氧洗涤剂不但能去除有机物污迹和除臭，保持衣物和地毯的耐用和不褪色，还能去除房间污垢和异味。

实例 29　节水环保清洗剂

【原料配比】

原　　料	配比(质量份)			
	1#	2#	3#	4#
碳酸钠	30	30	28	28
硅酸钠	18	18	20	20
无水硫酸钠	10	10	15	8
脂肪醇聚氧乙烯醚(C_{12} ~ C_{14})	5	5	7	6
α - 烯基磺酸钠	10	10	8	9
柠檬酸钠	15	15	8	15
乙二胺四乙酸	3	3	3	2
淀粉	8	8	10	10
羧甲基纤维素钠	1	1	1	2
碳酸氢钠	—	8	—	—

【制备方法】　先将碳酸钠、硅酸钠、无水硫酸钠、柠檬酸钠、碳酸氢钠、乙二胺四乙酸、淀粉和羧甲基纤维素钠在高效预混器中充分混匀,然后再将脂肪醇聚氧乙烯醚和 α - 烯基磺酸钠液体原料用高压泵一次性均匀喷洒在上述混匀的固体成分中,继续搅拌混合均匀后,即得成品。

【产品应用】　本品用于清洗,可去除常见洗涤剂洗不掉的重油污渍、血渍、奶渍、果汁、菜汁等难以清除的污垢。

【产品特性】

本品无磷、无铝、无酶制剂、无荧光增白剂等不安全原料;节水、节电为普通洗涤剂的 60% ~70% ,洗时泡沫丰富,漂洗时泡沫消失;对难以清洗的污渍具有较强的去除能力;所选表面活性剂生物降解度高,能起到治理和保护水源的特殊作用;对植物中残存的化肥或农药有很强的乳化及分解能力，生物降解度达 99.5%。

实例30　污垢清洁剂

【原料配比】

原　　料	配比(质量份)		
	1#	2#	3#
N－十二烷基－N－(2－羟基－3－磺酸亚丙基)二甲基铵	4	6	8
去离子水①	40	30	20
脂肪醇聚氧乙烯醚羧酸盐(C_{12}～C_{14})	3	4	6
脂肪醇聚氧乙烯醚磺基琥珀酸单酯二钠盐	6	4	3
十八烷基二羟乙基甜菜碱	3	4	6
去离子水②	50	40	20
去离子水③	60	40	30
酸性缓蚀剂(SX－1)	0.3	0.4	0.6
盐酸(33%～36%)	20	15	10
过氧乙酸	5	8	10
氯化钠	2	1.5	1

【制备方法】　将 N－十二烷基－N－(2－羟基－3－磺酸亚丙基)二甲基铵、去离子水①加入第一个反应器进行搅拌使之溶解，再将脂肪醇聚氧乙烯醚羧酸盐、脂肪醇聚氧乙烯醚磺基琥珀酸单酯二钠盐、十八烷基二羟乙基甜菜碱、去离子水②加入另一反应器内进行搅拌溶解后，加入第一个反应器内溶解的物料中继续搅拌，再逐渐加入剩余的去离子水③、酸性缓蚀剂(SX－1)、盐酸、过氧乙酸、氯化钠，搅拌 10～20min，静置 0.5～1.0h，即得成品。

【产品应用】　本品用于清洗地板砖、墙瓷砖、坐便器、塑料器皿、楼体外墙、铝合金卷拉门、不锈钢器具的去污和光亮。

【产品特性】　本品具有强力去污溶垢效果，又可杀菌除臭，功能多，使用方便，清洗速度快，成本低的优点及效果。

实例 31　物体表面清洗剂

【原料配比】

原料	配比(质量份)	
	1#	2#
氢氧化钠溶液(95%)	25	30
乙醇(95%)	10	8
杀菌液	45	40
樟脑	3	5
食醋	6	8
香精	0.2	0.2
明矾	10	8
氯化钠	1	1

【制备方法】

(1)制备杀菌液：称苦参 10 份，陈皮 5 份，水 65 份，置煎器内文火煎 40min，药渣药液分离，药液过滤，弃药渣，制得杀菌液 40 份；称取各原料备用。

(2)制作：将制得的杀菌液置入容器加热到 50～60℃，加入氢氧化钠溶液、食醋、明矾搅拌 1h，继续加入乙醇搅拌，保持 0.5h，再加入樟脑、氯化钠、香精，搅拌 10min，即得成品。

【产品应用】　本品可用于清洗门窗、灶具、洁具、陶瓷、玻璃以及衣、鞋、袜等物品。

【产品特性】　本品高效、去污力强，可直接使用或稀释后使用，其效果良好，一物多用，节约时间，节省费用。

实例32 消毒灭菌洗涤剂

【原料配比】

原 料	配比(质量份)
油酸皂	0.75
三乙醇胺皂	1
三乙醇胺油酸皂	1.5
碳酸钠	2
羧甲基纤维素	0.1
硅酸钠	1
烷基磺酸钠	3
烷基醚硫酸盐	4
净化剂6501	3
稀土(45%混合氯化稀土)	0.002
黄连与大青叶混合物(1∶1)	0.5
香料	适量
水	加至100

【制备方法】 先将油酸皂加水溶解,在一次加入三乙醇胺皂、三乙醇胺油酸皂、碳酸钠、羧甲基纤维素、硅酸钠,组成第一种混合物;再将烷基磺酸钠、烷基醚硫酸盐、净化剂6501、稀土混合物组成第二种混合物;将中药进行加工并可以配以适当的香料组成第三种混合物;将这三种混合物混合即得产品。

【产品应用】 本品是一种具有消毒灭菌功能的洗涤用品。

【产品特性】 本品不但增加了消毒灭菌功能,而且借助于稀土特殊的化学活性,致使洗涤剂的结构发生变化,使其去污力明显提高。如果加入黄连、大青叶等中药材,稀土与中药材相配合其消毒灭菌效果更好。同时消除了其他消毒灭菌洗涤剂使用阳离子表面活性剂及其他化学药品,而在消毒灭菌同时对人体构成危害和对环境造成污染的负面影响。本品中的各种成分相互叠加不但去污能力更强,而且去污范围更广泛,消毒灭菌更彻底。本品的生产工艺流程简单,设备投资少,成本省,操作方法简便。

第三章　家用洗涤剂

实例1　家用电器清洁剂

【原料配比】

原　　料	配比(质量份)					
	1#	2#	3#	4#	5#	6#
乳化型表面活性剂	2	3	5	2	3	5
乙二醇	10	7	4	10	7	4
聚氧乙烯烷基醚	20	25	30	20	20	24.0
中和剂	5	4	2	5	4	2
水	63	61	59	59.5	61.7	59
乙醇	—	—	—	3	4	5
香精	—	—	—	0.5	0.3	0.1

【制备方法】　将水加入混合罐中,依次加入配方中各组分,搅拌混合30min,使形成均匀溶液即得成品。

【产品应用】　本品用于家用电器的清洁。

【产品特性】　本品克服了现有清洁剂存在的缺陷,且不含有任何有毒有害物质,无异味,还具有防菌杀菌作用,在生产制备过程中,无污水排放,防止了环境污染,维护了生态平衡,同时也有利于保护人体的皮肤。

实例2　冰箱消毒清洁剂

【原料配比】

原　　料	配比(质量份)
十二烷基二甲基苄基氯化铵	0.3~0.5
苯扎溴胺	0.3~0.5
甘氨酸盐酸盐	0.2~0.5

续表

原　料	配比(质量份)
乙醇	30.0～40.0
脂肪醇聚氧乙烯醚硫酸钠	5.0～10.0
椰油醇二乙酰胺	5.0～10.0
碳酸钠	1.0～3.0
氯化钠	1.0～3.0
纯化水	加至100

【制备方法】

将十二烷基二甲基苄基氯化铵、苯扎溴胺、甘氨酸盐酸盐按比例进行加温45℃溶解；将乙醇按比例溶解于水中加入上述溶液中再进行冷却；依次加入脂肪醇聚氧乙烯醚硫酸钠、椰油醇二乙酰胺并同时搅拌以避免产生大量气泡；再按比例加入碳酸钠、氯化钠进行乳化反应；按需加入香精和染料。以80r/min的速度进行混匀5min，冷却后进行分装，检验，合格后即得成品。

【产品应用】 本品专业用于冰箱的消毒、杀菌。

【产品特性】 本品抗菌去污效果显著；无毒、无色、无味、无刺激、无腐蚀性；化学性质极为稳定；对冰箱内壁和冰箱架子表面的异味和病菌的祛除和消毒有特效；工艺简单，成本低。

实例3 空调杀菌清洗剂

【原料配比】

原　料		配比(质量份)					
		1#	2#	3#	4#	5#	6#
表面活性剂	脂肪醇聚氧乙烯醚	1.0	—	—	0.6	—	—
	椰子油二乙醇酰胺	—	—	—	—	0.8	0.4

续表

原　料		配比(质量份)					
		1#	2#	3#	4#	5#	6#
表面活性剂	十二烷基苯磺酸钠	—	0.8	—	0.2	—	—
	脂肪醇醚硫酸钠	—	—	0.5	—	—	0.3
溶剂	异丙醇	60	—	50	60	30	20
	乙二醇甲醚	—	—	10	6	—	5
	乙二醇	—	70	—	—	30	30
杀菌剂	三氯二羟基二苯醚	0.5	—	0.2	—	—	0.25
	戊二醛	—	2	—	1	—	—
	洗必泰	—	—	0.1	—	0.5	—
香精		0.3	0.3	0.3	0.3	0.3	0.3
水		38.2	26.9	38.9	31.9	38.4	43.75
气雾剂LPG(丙丁烷气体)		适量	适量	适量	适量	适量	适量

【制备方法】 将表面活性剂加入水中,室温下搅拌,使之溶解于水中,再加入溶剂,室温下搅拌溶解,加入杀菌剂、香精,并混合均匀,以8份液和2份LPG的比例充入气雾剂LPG(丙丁烷气体),常温下,其压力为0.3～0.4MPa,即得成品。

【产品特性】 本品清洗效果显著,清洗彻底,洗涤完成后,无须用水冲洗。能迅速杀灭空调器过滤网和散热片上的细菌和霉菌,在清洗部位形成一层杀菌膜,可以有效预防细菌和霉菌的生长繁殖。本品无毒无色,安全无腐蚀。

实例4　空调杀菌除螨清洗剂

【原料配比】

原料		配比(质量份)		
		1#	2#	3#
表面活性剂	脂肪醇聚氧乙烯(9)醚	0.5	0.5	1.0
	椰子油酸三乙醇胺	—	0.5	—
	油酸三乙醇胺	—	—	1.0
溶剂	乙醇	20	30	30
	乙二醇丁醚	1.0	1.0	5
杀菌除螨剂	*O*-甲基-*O*-(2-异丙氧基羰基苯基)-*N*-异丙基硫代磷酰胺	0.2	—	—
	1,2-苯并异噻唑啉酮	—	0.5	—
	3,5-二硝基邻甲苯酰胺	—	—	1.0
凯松		0.1	—	1.0
香精		0.5	0.5	0.5
去离子水		加至100	加至100	加至100
气雾推进剂二甲醚(DME)		适量	适量	适量

【制备方法】　将表面活性剂加入水中,室温下充分搅拌,待搅拌均匀后,将溶剂加入上述表面活性剂的水溶液中,在室温下搅拌均匀,然后将杀菌除螨和凯松、香精加入上述溶液中,在室温下彻底搅拌均匀,然后取配制好的料液按比例倒入气雾罐中,再冲入气雾推进剂二甲醚(DME),使罐内压力室温下保持在0.2~0.5MPa,即得成品。

【产品应用】　本品可用于杀灭空调器中螨虫、霉菌及常见细菌。

【产品特性】　本品不仅使用方便,迅速向空调的散热片和送风系统渗透分散，快速去除积聚在空调内部的各种灰尘、污垢等，尤其可有效清除滋生在空调内部的螨虫、霉菌和有害细菌等，是一种环保、性能优良的空调清洗产品。

实例5　家用空调清洗剂

【原料配比】

原　　料	配比（质量份）		
	1#	2#	3#
硅酸钠	0.5	1	1
十二烷基苯磺酸钠（30%～60%）	4	7	5
脂肪醇聚氧乙烯醚	4	7	5
聚乙二醇	0.4	1	2
乙二胺四乙基胺	1	5	7
三乙醇胺	5	7	4
乙醇	8	7	6
杀菌剂（1227）	0.1	1	1
去离子水	加至100	加至100	加至100
香精	适量	适量	适量

【制备方法】　取32份水与硅酸钠加入不锈钢桶内，温控在40℃的条件下溶解，直至硅酸钠全部溶解；取十二烷基苯磺酸钠、脂肪醇聚氧乙烯醚、聚乙二醇、乙二胺四乙基胺、三乙醇胺、3.5份乙醇、杀菌剂（1227）放在带推进式搅拌器的不锈钢反应釜内，在室温10℃的条件下混溶搅拌，搅拌速率50r/min，搅拌时间0.5h；将不锈钢桶内的无机组分在搅拌下加入已混溶好的有机组分的不锈钢反应釜内，温控在40℃的条件下补加余下的乙醇和水；温控在50℃的条件下搅拌维持1h，补加柠檬香精少许；抽样检测、成品包装，即得

成品。

【产品应用】 本品主要用于家用空调器的清洗。

【产品特性】 本品不含磷、有机溶剂(除食品级乙醇外),pH 接近中性为绿色产品。本品在使用中,泡小量多,去污力强,尤其对尘垢、油污和锈垢去除快而彻底。本品有形成杀菌防锈膜的作用,对螨虫、军团杆菌作用明显。由于能镀膜,防锈缓蚀作用好。原料全部国产化,来源丰富、价格便宜。

实例6 洗衣机筒清洗剂(1)

【原料配比】

原料	配比(质量份)		
	1#	2#	3#
过碳酸钠	16	35	—
过硼酸钠	—	—	45
三聚磷酸钠	0.2	1.5	1.5
碳酸钠	1	5	—
碳酸氢钠	—	—	9
五水合偏硅酸钠	10	—	—
九水合偏硅酸钠	—	4	—
五水合硅酸钠	—	—	1
十二烷基硫酸钠	4.8	—	—
脂肪醇聚氧乙烯醚	—	0.5	—
脂肪醇聚氧乙烯醚硫酸钠	—	—	3
无水硫酸钠	68	51.5	35
香精	—	0.5	1
酶制剂	—	0.5	1

【制备方法】　将各组分按比例加入混合罐中,搅拌混合均匀即得成品。

【产品应用】　本品用于清洁洗衣机槽。

【产品特性】　本品可有效杀灭或抑制有害病菌,避免衣物二次污染。复合去污技术,有效去除洗衣槽内顽固污垢。本品无刺激性,对人体安全。复合缓蚀技术,对洗衣机无腐蚀性。

实例7　洗衣机筒清洗剂(2)

【原料配比】

原　　料	配比(质量份)		
	1#	2#	3#
过碳酸钠	65	45	50
三聚氰胺	30	45	35
丙烯酸—马来酸酐共聚物钠盐(MA—Co—AA 钠盐)	0.5	1	1
异噻唑啉酮	2	3.5	3
非离子表面活性剂(DOWFAX 类产品)	1.5	3.5	4
EDTA 四钠	1	2	7

【制备方法】

先称取过碳酸钠和三聚氰胺,放入搅拌罐 K 中搅拌均匀;再称取丙烯酸—马来酸酐共聚物钠盐(MA—Co—AA 钠盐)、异噻唑啉酮、DOWFAX 类产品和 EDTA 四钠组分,放入搅拌罐 L 中,边搅拌边加热至 70℃,搅拌均匀;在搅拌下将搅拌罐 L 中的混合物倒入搅拌罐 K 中,均匀搅拌 10min,即得成品。

【产品应用】　本品用于清除洗衣机内污染物。

【产品特性】　本品集低泡清洗、除垢、抗菌、抗污垢再次沉积等多种功能于一体，其配伍性和洗涤性能好，且易于生物降解，对环境友好，能有效地清除洗衣机内积存的污垢、纤维、杂质、细菌等污染物，从而达到抗洗衣机二次污染的目的。

实例8　洗衣机筒清洗剂(3)

【原料配比】

原　　料	配比(质量份)		
	1#	2#	3#
过硼酸钠	750	600	400
硼酸钠	200	—	—
碳酸氢钠	—	200	—
过碳酸钠	—	—	300
碳酸钠	—	—	200
脂肪醇聚氧乙烯醚	50	50	—
AEO-15	—	—	75
过氧化氢	—	100	—
吐温-40	—	50	—
脂肪醇聚氧乙烯醚	—	—	25

【制备方法】　将各组分加入混合罐中，搅拌混合均匀即可。

【产品应用】　本品适用于目前各类洗衣机。

【产品特性】　本产品能有效清除洗衣机内、外筒附着、积累的污渍和细菌，消除洗衣过程中交叉感染细菌的根源。操作简便、成本低廉，不会对洗衣机和衣物造成损害，洗涤后的排放物对环境没有破坏作用。

实例 9　洗衣机隔层清洗剂

【原料配比】

原料		配比(质量份)		
		1#	2#	3#
添加剂	十二烷基苯磺酸钠	4	6	5
	二甲苯磺酸钠	3	2	2.5
	脂肪醇聚氧乙烯醚	3	2	2.5
清洗剂	硅酸钠	30	35	56
	杀菌剂(1227)	69	64	43
	添加剂	1	1	1

【制备方法】　将各组分加入混合罐中,搅拌混合均匀即可。

【产品应用】　本品用于对洗衣进隔层进行清洗。

【产品特性】　本品可有效去除洗衣机隔层中的污垢,杀灭滋生再洗衣机隔层中的细菌,并消除细菌的滋生环境,确保在洗涤衣物时不会有细菌进入洗净的衣物,从而保证人体不会受到无名细菌的危害。

实例 10　燃气热水器积碳清洗剂

【原料配比】

原料	配比(质量份)
脂肪醇聚氧乙烯醚硫酸钠	3.0~4.5
脂肪酸烷醇酰胺	1.0~2.0
脂肪醇聚氧乙烯醚	1.5~2.5
三聚磷酸钠	1.0~1.5
焦磷酸钠	0.5~1.0
乙醇	1.0~3.0
2-溴-2-硝基-1,3-丙二醇	0.02~0.06
柠檬酸	0.5~2.0
水	82.94~91.48

【制备方法】　取三聚磷酸钠、焦磷酸钠，将其充分溶解在水中。在搅拌下，将乙醇加入上述制成物中。在不停地搅拌下，按比例将脂肪醇聚氧乙烯醚硫酸钠、脂肪酸烷醇酰胺、2－溴－2－硝基－1，3－丙二醇、脂肪醇聚氧乙烯醚加入，混合均匀。最后加入柠檬酸，将其 pH 调节至低于 9.5，装瓶，包装，即得成品。

【产品应用】　本品专用于家用燃气热水器积碳的清洗。

【产品特性】　本品具有良好的渗透、润湿、分散、乳化、去污性能，能有效地去除燃气热水器换热器翅片表面和燃气喷嘴的积碳，防止其堵塞或变窄，造成燃气不能充分燃烧，而引起一氧化碳中毒事故；和提高翅片的吸热效率和燃气的燃烧效率，达到节省能源的目的。该燃气热水器积碳清洗剂安全无毒，对热水器部件无腐蚀性，使用简单方便，可采用喷淋方式清洗，而无须拆卸热水器。

实例 11　首饰清洗剂(1)

【原料配比】

原　　料	配比(质量份)		
	1#	2#	3#
橘皮油	40	40	40
精制乙醇	50	—	50
异丙醇	—	50	—
月桂酸甲酯	5	5	5
脂肪醇聚氧乙烯醚	3	3	1
顺丁烯二酸二辛酯碳酸钠	—	—	1.5
水	2	2	2.5

【制备方法】　取橘皮油、精制乙醇(或异丙醇)装入容器中加以搅拌混匀，再加入月桂酸甲酯搅匀后，最后加入预先混匀的脂肪醇聚氧乙烯醚、顺丁烯二酸二辛酯碳酸钠、水的混合液，搅拌均匀即得成品。

【产品应用】 本品用于珠宝首饰、电视机荧光屏及机壳、电话等家用电器的清洗。

【使用方法】

(1)将清洗剂倒入小杯中,然后放入首饰液浸泡数分钟(脏污较重时,浸泡时间稍长),可用小刷刷洗死角,取出之后放入漂洗液中漂洗。

(2)漂洗采用配制的漂洗液或用洗发香波溶液进行漂洗,漂洗时适当晃动,除去首饰表面吸附的清洗剂;再用水清洗擦干即可。

【产品特性】 本品最大的特点是无毒、无化学反应、不污染环境,去污力强,可多次使用,称为绿色清洗剂。本品气味芳香,使人闻之心旷神怡,除烦解闷,经无数次清洗试验证明,清洗之后的黄金珠宝首饰无任何损伤,更加光彩夺目。

实例 12 首饰清洗剂(2)

【原料配比】

原料	配比(质量份)		
	1#	2#	3#
柠檬酸	100	100	100
十二烷基苯磺酸钠	50	40	60
硅酸钠	50	40	60
异丙醇	40	30	50
去离子水	750	700	800

【制备方法】 将柠檬酸、十二烷基苯磺酸钠按上述比例混合均匀,加热至60~80℃,然后按配比依次加入硅酸钠、异丙醇、去离子水,混合均匀,再置于超声波水浴中,加热至85~95℃,冷却后装瓶,即得成品。

【产品应用】 本品用于清洗嵌钻铂金及铂金首饰。

【产品特性】 本品性能良好,能将钻石清洗如新,不仅可以去除污垢，而且可使首饰光亮度提高，并且清洁环保，性价比较高。

实例13　芳香灭菌珠宝清洗液

【原料配比】

原　　料	配比（质量份）		
	1#	2#	3#
HCFC－1416	50	40	35
酒精	30	50	45
6501	5	2	10
AES	5	3	4
氯酚	5	3	5
香精	5	2	1

【制备方法】　将各组分加入混合罐中，搅拌混合均匀，即得成品。

【产品应用】　本品适合清洗各种金银及珠宝饰品。

【产品特性】　本品配制容易，使用方便，与现有的金银首饰清洗剂相比，具有杀灭病菌的功能，使用携带方便，效果好，气味芳香。

实例14　宠物香波

【原料配比】

原　　料	配比（质量份）
脂肪醇聚氧乙烯醚硫酸钠	12
脂肪醇二乙醇酰胺	3
咪唑啉	3
十二醇硫酸钠	1
甜菜碱两性表面活性剂	3
桃叶、桃仁萃取液	10

续表

原　　料	配比(质量份)
驱避胺	9
蒸馏水	69
香精	1
柠檬酸	适量
防腐剂	1
苯甲酸钠	0.81

【制备方法】 将脂肪醇聚氧乙烯醚硫酸钠、脂肪醇二乙醇酰胺、甜菜碱两性表面活性剂、咪唑啉、十二醇硫酸钠和蒸馏水按比例称量搅拌混溶后,搅拌加热至90℃恒温30min,再加入桃叶、桃仁萃取液,并继续搅拌使其温度降至70℃,加入化妆品复合防腐剂和苯甲酸钠进行搅拌直至温度降至45℃时,再加入香精和柠檬酸进行搅拌使其温度冷却至40℃,最后加入驱避胺搅拌冷却至38℃,停止搅拌并使产品静置12h,产品进行抽样检验,合格的产品过滤后装瓶即得成品。

【产品应用】 本品用于宠物洗涤,能彻底洗净宠物身上的污垢,并有驱避寄生虫和防止蚊虫叮咬的作用。

【产品特性】 用该方法制作出来的产品除具有与人类洗发香波同等的洗涤效果外,还具有驱避寄生虫和防止蚊虫叮咬的作用,给动物清洗一次,可保持动物在1~2周内不被蚊虫叮咬和不产生寄生虫。

实例15　膏状器皿洗涤剂

【原料配比】

原　　料	配比(质量份)		
	1#	2#	3#
膨润土	20	30	25
过硼酸钠	1	2	3

续表

原料	配比(质量份)		
	1#	2#	3#
三聚磷酸钠和磷酸三钠(1∶1)	1.5	1.5	1.5
椰子油十二烷基硫酸钠	0.5	0.8	1
硫酸钠	3	—	—
碳酸钠	—	5	—
碳酸钾	—	—	4
碳酸氢钠	8	7	6
硅酸钠	4	3	2.5
水	加至100	加至100	加至100

【制备方法】 在常温和常压下,将膨润土放入容器中用水膨化,然后将已膨化的膨润土置于搅拌器或搅拌机中,加入碱金属过硼酸钠搅拌均匀,使之被膨润土吸附。将碱金属三聚磷酸钠和磷酸三钠溶于水中,并将此溶液加入上述混合物中,在室温或加热到40~50℃的条件下不断搅拌,依次加入椰子油十二烷基硫酸钠、硫酸钠、碳酸钠、碳酸钾、碳酸氢钠。最后加入碱金属硅酸钠,并搅拌直至混合物呈均匀细腻的膏状物,即得成品。

【产品应用】 本品可用于清洗沾有污垢的器皿。

【使用方法】 先将少许本品涂抹于沾有污垢的器皿表面,然后用清水冲洗干净;机械清洗(如用洗盘机清洗餐具等)方法是,先将此膏状物用水稀释成膏状物质量的30~50倍的液体,将沾有油污的器皿放于此液体中浸泡1~2min,然后用水清洗器皿。经处理和清洗过的器皿表面光洁明亮。

【产品特性】 由于采用含氢盐中和其他碱金属盐类的高碱性而达到中性至弱碱性,其pH为7~9,对人体皮肤更为安全,而现有同类产品多半为高碱性;本洗涤剂采用的漂白/消毒剂为过硼酸盐,不同于现有产品用能释放氯离子的氯化物和次氯酸盐的合成物,因而本洗涤剂为非触变性,产品性状更为稳定;本洗涤剂中除少量添加剂为有机物外,95% ~99%为无机化学物质,有别于含大量有机物的洗涤剂。

实例16　含生物摩擦材料的清洁剂

【原料配比】

1#配方:棉纤洁面膏(奶、乳、液、霜等,增减水的用量可得)

原　　料	配比(质量份)
硬脂酸	7
棕榈酸	7
肉豆蔻酸	9
月桂酸	4
羊毛脂	1
香料	0.2
尼泊金乙酯	0.2
甘油	17
氢氧化钾	4
蒸馏水	39.6
棉纤维末(长度≤0.1mm)	10
甲基纤维素	1

【制备方法】　将氢氧化钾、水加热溶解,再加入甘油,加热至70℃即得水相,同时将硬脂酸、棕榈酸、肉豆蔻酸、月桂酸、羊毛脂、尼泊金乙酯混合,加热至70℃搅拌得油相,将油相慢慢加入水相,保温在70℃,使其皂化完全。加入棉纤维末、甲基纤维素充分搅拌完全,冷却至50℃,加入香精继续搅拌冷却至25℃灌装,即得产品。灌装前,可调整水分得不同膏体硬度和状态,过稠为霜,稀释得奶、乳、液等。可用于洁面和沐浴。

2#配方:皿洁膏

原　　料	配比(质量份)
直链烷基苯磺酸钠	45
脂肪醇聚氧乙烯醚硫酸钠	12
烷基磺酸钠	26
果壳粉如核桃粉(粒度≥80 目)	12
硅藻土	3
水	2

【制备方法】 将各组分充分搅拌混合即可。根据情况可酌加染料和香料适量。可用于清洁器皿,也可用于清洗脏的衣领、衣袖。核桃壳粉可以漂白处理。在用于清洗较笨重的物品表面时(如清洁油烟机),可用较粗的核桃壳粉及辅加一些木屑粉。

【产品应用】 本品用于清洁各种物体表面,如下列物体的表面衣物(领、袖等较脏处);饰物;器皿,如生活日用、医用、实验室所用的器皿等;器具、器物表面;机器、车辆等设备表面;建筑、门窗、玻璃、瓷砖等装修物及各类地面等;动物体及人体表面;其他表面。

【产品特性】 本品由于在以往各类清洁剂的基础上,添加了生物摩擦材料,所以不但具有常用清洁剂的漂洗去污能力,而且在表面活性剂及助剂疏松、解污垢的基础上辅加了机械摩擦去污功能,主要强化了对物体表面污垢的摩擦搓洗和清洁。

实例 17　气雾熨斗易去污熨烫剂

【原料配比】

原　　料	配比(质量份)	
	1#	2#
聚乙烯醇	2.5	2.0
聚乙二醇(分子量 6000)	1.2	1.5

续表

原　　料	配比(质量份)	
	1#	2#
吐温-60	3.0	1.8
羧甲基纤维素钠	—	0.6
硼酸	0.25	0.2
脂肪醇聚氧乙烯醚	—	0.7
香精	适量	适量
去离子水	加至100	加至100

【制备方法】　将水加入混合罐中，然后加入配方中各组分，搅拌混合均匀即得成品。

【产品应用】　本品适于以气雾熨斗和/或气雾式服装定型整理设备对衣物熨烫或定型使用。并可使衣物穿着后的洗涤去污更加容易。在衣物净洗后或成衣加工制作完成后，以本品按比例兑入水中加到气雾熨或气雾式定型机中即可对衣物或成衣进行熨烫、定型。

当喷雾熨烫时，熨烫剂中水溶性高分子物在表面活性剂的作用下，扩散到衣物纤维表面并渗入纤维中，经烫压均匀膜附在纤维上，冷却干燥后，即使得衣物纤维平滑、有序，服装舒展、挺括、清香。依据衣物材质的不同，兑以1~15倍的清水，倒入熨斗即可依常规对衣物及成衣进行熨烫、定型整理。

【产品特性】　本品经气雾熨斗或气雾式定型机对衣物或新制的成衣进行熨烫整理，可使服装长时间保持舒展、挺括，且具有防沾污、易去污特性和杀菌、防蛀、增香的优点。功能齐全，使用方便。

实例18　手机清洗剂

【原料配比】

原　　料	配比(质量份)	
	1#	2#
脂肪醇聚氧乙烯醚	3.5	17.5
十二烷基苯磺酸钠	2.1	10.5
无味煤油	6.7	33.5
日化香精	0.2	1.0
丙丁烷混合物	8.9	45
烷基二甲基苄基氯化铵	1.4	7
聚二甲基硅氧烷	2.5	12.5
去离子水	83.6	372.5

【制备方法】

(1)在搪瓷玻璃真空乳化釜中加入去离子水。

(2)投入脂肪醇聚氧乙烯醚、十二烷基苯磺酸钠,搅拌5~10min,使之完全溶解。

(3)再投入无味煤油、聚二甲基硅氧烷,搅拌5min,使之乳化均匀。

(4)再投入烷基二甲基苄基氯化铵、香精,搅拌5~10min,使之乳化成白色均匀液体。

(5)停止搅拌,取样送检。

(6)灌装:通过输送泵,将上述料液送至气雾剂灌装机机头;用净容量为80mL铝质气雾罐,每罐灌装上述料液65.6g;插入气雾剂阀门,然后在封口机上封口;在气雾剂抛射剂充填机上充气,每罐充入丙丁烷6.4g。

(7)包装:往上述灌装完毕的半成品上安装上与其配套的气雾剂阀门促动器;安装上塑料帽盖;按每箱30罐的装量,装入瓦楞纸箱。

【产品应用】　本品主要用于手机的清洗,同时也可用于清洗计算机、电话机、电视机等各类电子产品的外壳。

【使用方法】　通过喷头作用将清洗剂料液以泡沫形态作用于手机外壳表面,达到清洗的目的,从而有效避免了清洗剂进入手机内腔而造成腐蚀或产生故障的可能。

【产品特性】　本品采用气雾剂包装形式,以泡沫形式作用于手机外壳清洗,具有使用方便、便于携带、易于保存、用量节省等其他手机清洗方式所不具备的优点。在选用表面活性剂、有机溶剂而发挥清洗功能的同时,特地添加上光剂、除菌剂以及香精等功能成分,使清洗、上光、除菌、芳香四种功能同时完成。

实例 19　鞋类除臭液体洗涤剂

【原料配比】

原　　料	配比(质量份)
三聚磷酸钠	1.5
硫酸钠	5
磷酸钠	3
6501	3
硅藻土	10
高岭土	2
坡缕黏土	2
膨润土	1
水	67

【制备方法】　在常温下将各组分加入水中搅拌,充分混合溶解后即得产品。

【产品应用】　本品是一种鞋类专用洗涤剂,能有效地消除鞋臭,特别是运动鞋在穿着时产生的鞋臭而引起的脚臭。本品具有较强的吸水性,使鞋在穿着时,保持清爽干燥,故对脚气有预防和辅助治疗作用。

【产品特性】 本品除臭力强,作用时间长。运动鞋用本品洗涤一次,可使其在穿着时保持清爽无味十天以上;去污力强,本品可除去鞋内外的各种污垢。

实例20　真皮去污膏

【原料配比】

原　　料	配比(质量份)	
	1#	2#
动物油酸	17.5	—
植物油酸	—	18.5
液体石蜡	32	29
聚乙二醇辛基苯基醚	4	4
甘油	1	1
氢氧化钠水溶液(5%)	40	42
苯甲酸钠水溶液(10%)	1	1
2,6-二叔丁基对甲酚	0.13	0.13
四氯乙烯	4.37	3.87

【制备方法】

(1)混合液的配制:将2,6-二叔丁基对甲酚溶解于四氯乙烯中摇匀备用。

(2)膏体合成:将动物油酸放入搪瓷桶内,然后分别放入液体石蜡、聚乙二醇辛基苯基醚、甘油,每种原料放入时均充分搅匀,配制而成A组分。用塑料桶称取含5%氢氧化钠的水溶液,将氢氧化钠水溶液以细流状倾入搅拌中的A组分中,在常温常压下继续搅拌,直至膏体生成。放置5~30min,配制10%苯甲酸钠的水溶液,将苯甲酸钠水溶液加入膏体中并充分搅拌,在搅拌下加入2,6-二叔丁基对甲酚与四氯乙烯的混合液，充分搅匀，即配制成去污膏。将配好的去污膏体装灌在塑料管壳体内封装好，装入包装盒内即得成品。

【产品应用】 本品用于真皮制品的去污保养。

【产品特性】 本品感官感觉好，无异味，对皮肤无刺激；使用范围广，使用本品白色皮面显自然本色，彩色皮面不掉色；工艺操作简练，原材料易得；对环境无污染。

实例 21　玻璃防雾清洁剂

【原料配比】

原　　料	配比（质量份）			
	1#	2#	3#	4#
AES（$N=3$）	0.6	3.8	3	2
水	91	89.15	88.47	90.4
十二烷基二甲基甜菜碱（BS－12）	5.7	2.2	5	4
脂肪酰胺聚氧乙烯醚磺基琥珀酸单酯二钠盐（BG－2C）	0.4	1.8	0.5	1
苯甲酸钠	0.4	0.05	0.03	0.4
工业乙醇（95%）	1.4	3	2	2
香精	0.5	—	1	0.5

【制备方法】

先将 AES 投入水中搅拌溶化；然后投入 BS－12、BG－2C、苯甲酸钠搅拌均匀；再加入乙醇和香精搅拌均匀。

【产品应用】 本品可广泛应用于家庭、浴室、宾馆、车船、摩托车头盔等处玻璃防雾，也可以防止冬天玻璃上结霜，并兼有清洁玻璃以及清新空气的作用。

【产品特性】 本品无毒、无臭、无副作用，生产工艺简单，应用范围广。

实例22 多功能清洗液

【原料配比】

原料	配比(质量份)
ABS	12
脂肪醇聚氧乙烯醚	6
二乙醇胺	4
乙二醇丁醚	6
异丙醇	12
环氧丙烷	4
尿素	15
水	加至100

【制备方法】 将各组分加入混合罐中,搅拌混合均匀即得成品。

【产品应用】 本品可清洗金属制品、玻璃制品、塑料制品等。

【产品特性】 本品具有以下特点:常温下配制即可,具有强化除油效果;无公害、无毒、无腐蚀性,不含有危害人类环境的ODS物质,不含磷酸、硝酸盐等;洗净工件不含有电子行业忌讳的残留物,无损作业人员身体健康;清洗液无须经过处理可以直接排放,符合排放标准,安全可靠。

实例23 多功能消毒灭菌洗涤剂

【原料配比】

原料		配比(质量份)				
		1#	2#	3#	4#	5#
氯—羟基二苯醚类化合物	一氯—羟基二苯醚	0.1	—	—	3	—
	二氯—羟基二苯醚	—	5	—	—	—
	三氯—羟基二苯醚	—	—	10		8

续表

原料		配比(质量份)				
		1#	2#	3#	4#	5#
季铵盐	十二烷基季铵盐	50	—	—	10	—
	六烷基季铵盐	—	0.1	—	—	—
	十八烷基季铵盐	—	—	120	—	—
	长链季铵盐(C_8 ~ C_{12})	—	—	—	—	80
双胍类化合物	醋酸氯己啶	50	—	—	10	
	葡萄糖酸氯己啶	—	0.2	—	—	—
	聚甲基双胍盐酸盐	—	—	25	—	40
螯合剂	多聚磷酸盐	1	—	—	—	—
	烷基二胺四乙酸	—	25		10	—
	烷基二胺四乙酸钠	—	—	50	—	—
	烷基二胺四乙酸盐	—	—	—	—	30
脂肪醇	乙醇	300	—	—	—	—
	异丙醇	—	10	—	—	—
	乙二醇	—	—	200	—	—
	丙三醇	—	—	—	50	—
	丙二醇	—	—	—	—	250
有机酸	苹果酸	20	—	—	—	—
	酒石酸	—	0.1	—	—	—
	柠檬酸	—	—	30	—	—
	氨基磺酸	—	—	—	10	—
	乳酸	—	—	—	—	1

续表

原料		配比(质量份)				
		1#	2#	3#	4#	5#
非离子表面活性剂	脂肪醇聚氧乙烯醚	200	—	—	100	—
	椰油酰胺	—	0.1	—	—	—
	聚烷基葡萄糖苷	—	—	150	—	10
香料		0.1	1	10	5	0.5
颜料(亮蓝)		0.01	0.1	5	3	1
去离子水		500	300	700	700	600

【制备方法】

(1)按照配方量将螯合剂、季铵盐、双胍类化合物、脂肪醇、非离子表面活性剂依次放入反应釜中,搅拌均匀后加入配方量1/3的去离子水,同时启动加热装置,在20~90℃的条件下持续搅拌30~60min。

(2)随后将氯-羟基二苯醚加入上述反应液中,继续加热搅拌40~50min,停止搅拌和加热。

(3)加入剩余去离子水搅拌20~30min,加入有机酸。

(4)加入香料和颜料,再搅拌30~40min后停止。

(5)静置60~120min,过滤即得成品。

【产品应用】 本品可以广泛应用于人体皮肤、手、宠物、医疗设备、公共环境、食品工业设备、水果蔬菜、餐饮器皿、美容医疗设备、健美运动设备、儿童玩具消毒洗涤等的处理,对于不耐热的如内窥镜、肠镜、胃镜等直接接触人体黏膜、血液和血管的精密医疗设备尤其适用。

【产品特性】 本品对人畜均安全而且快速、高效、广谱。无毒无副作用,清洁、灭菌消毒效果好,刺激性小,安全性小,对环境无污染。

实例24　节水环保清洗剂

【原料配比】

原　　料	配比(质量份)			
	1#	2#	3#	4#
碳酸钠	30	30	28	28
硅酸钠	18	18	20	20
无水硫酸钠	10	10	15	8
脂肪醇聚氧乙烯醚(C_{12} ~ C_{14})	5	5	7	6
α-烯基磺酸钠	10	10	8	9
柠檬酸钠	15	15	8	15
乙二胺四乙酸	3	3	3	2
淀粉	8	8	10	10
羧甲基纤维素钠	1	1	1	2
碳酸氢钠	—	8	—	—

【制备方法】　先将碳酸钠、硅酸钠、无水硫酸钠、柠檬酸钠、乙二胺四乙酸、淀粉和羧甲基纤维素钠在高效预混器中充分混匀,然后再将脂肪醇聚氧乙烯醚和α-烯基磺酸钠液体原料用高压泵一次均匀喷洒在上述混匀的固体成分中,继续搅拌混合均匀后加入碳酸氢钠,混合均匀,即得成品。

【产品应用】　本品用于清洗,可去除常见洗涤剂洗不掉的重油污渍、血渍、奶渍、果汁、菜汁等难以清除的污垢。

【产品特性】　本品无磷、无铝、无酶制剂、无荧光增白剂等不安全原料;节水、节电为普通洗涤剂的60% ~70%,洗时泡沫丰富,漂洗时泡沫消失;对难以清洗的污渍具有较强的去除能力;所选表面活性剂生物降解度高,能起到治理和保护水源的特殊作用;对植物中残存的化肥或农药有很强的乳化及分解能力,生物降解度可达99.5%。

实例25　杀菌洗涤剂

【原料配比】

原　　料	配比(质量份)	
	1#(洗衣剂)	2#(消毒餐具洗涤剂)
醇醚硫酸钠	12～15	15～18
直链烷基苯磺酸	4～5	5～7
脂肪酸二乙醇胺	4～5	5～6
脂肪酸聚氧乙烯醚	0.2～0.4	0.4～0.6
氢氧化钠	8～10	10～12
去离子水	62～68.5	55～63.5
增溶剂	0.05～0.1	0.1～0.2
复合酶	0.2～0.4	—
荧光增白剂	0.1～0.3	—
氯化钠	1～2	0.5～1
聚丙烯酰胺	0.07～0.15	0.04～0.07
SG－815型消泡剂	0.007～0.015	—
硫酸钠	0.4～0.5	0.2～0.4
防腐剂TCC	0.2～0.5	0.2～0.5

【制备方法】　按配比将醇醚硫酸钠加入反应釜中，然后加入脂肪酸二乙醇胺，并搅拌均匀。然后加入直链烷基苯磺酸和脂肪酸聚氧乙烯醚，并充分混合。将反应釜里的原料温度控制在0～5℃，使其磺化，反应后加入氢氧化钠溶液，并搅拌均质，此过程中pH控制在10～11。再加入硫酸钠并搅拌5min即成浆料。在浆料中加入去离子水和增溶剂。待完全溶解后，再加入复合酶、荧光增白剂和消泡剂，抽真空无泡后再加入氯化钠。搅拌均质转相后，加入聚丙烯酰胺，并搅拌。

在制成成品前加入中各碱、柠檬酸、盐酸或硫酸等中和，使产品的pH在10～11之间。最后加入防腐剂TCC。浆料在老化罐中稳定后过滤，包装即得成品。

【注意事项】 本品所述增溶剂为苯甲酸钠或二苯甲酸钠。复合酶为蛋白酶、淀粉酶或纤维酶。

【产品应用】 本品能制成餐洗剂、洗衣剂、手洗剂、地毯清洗剂等。

【产品特性】 本品是透明型液体高稠度线型结构，配方中无磷。其低含量的表面活性剂使去污性能较高。本品的杀菌性强，不刺激皮肤，使用方便，不污染环境、抗硬水性能强。该洗涤剂各种原料的成本较低。

实例26 消杀净洗涤粉剂

【原料配比】

原　　料	配比(质量份)
杀菌剂(1227)	40
三聚磷酸钠	1.5
AEO－9	2
对甲苯磺酸钠	11
烷基苯磺酸钠	9
固碱	1

【制备方法】 将AEO－9、烷基苯磺酸钠、固碱混合反应为(1)，再将三聚磷酸钠、对甲苯磺酸钠与(1)混合从而进行老化为(2)，再将(2)混合杀菌剂(1227)为(3)，进行筛选后即得成品。

【注意事项】 本品包括消毒剂、合成表面活性剂以及助洗剂和其他辅料。

所述合成表面活性剂为AEO－9、烷基苯磺酸钠；助洗剂为对甲苯磺酸钠和三聚磷酸钠；辅料为固碱。

【产品应用】 本品用作消毒洗涤剂。

【产品特性】 本品具有较强的氧化杀菌和去污能力，并有低泡沫易冲洗等优点。

实例27　眼镜清洗液

【原料配比】

原　　料	配比(质量份)		
	1#	2#	3#
乙二醇单丁醚	3	3	2
脂肪酸聚氧乙烯醚	1.5	2	10
十二烷基葡萄糖苷	1	1.5	8
表面活性剂(CY－226C)	15	13	1
三氯生	0.5	—	0.8
1,3－二羟甲基－5,5－二甲基海因	0.5	—	0.8
乙二胺四乙酸四钠	5	—	12
去离子水	73.5	80.5	65.4

【制备方法】

(1)将乙二胺四乙酸四钠溶于去离子水中；

(2)将三氯生溶于乙二醇单丁醚中；

(3)在搅拌下将步骤(2)所得溶液加入乙二胺四乙酸四钠水溶液中；

(4)在搅拌下将脂肪酸聚氧乙烯醚、十二烷基葡萄糖苷、CY－226C分别加入步骤(3)所得的溶液中，搅拌分散均匀；

(5)在搅拌下将1,3－二羟甲基－5,5－二甲基海因加入步骤(4)所得溶液中，搅拌分散均匀，即得成品。

【产品应用】 本品不仅可用于清洗框架眼镜和其他光学透镜，还可以用于塑料硬表面的保护性清洗。

【产品特性】　本品具有无接触无损伤、安全、方便快捷、清洗彻底，防尘、消毒、杀菌、环保可有效延长框架眼镜的使用寿命，无污染、制造成本适中，适合大众消费等优点。

实例28　银器清洁剂

【原料配比】

原　　料	配比(质量份)
碳酸钠	2
硬脂酸	28
磷酸三钠	2
硅藻土	227
水	355

【制备方法】

先把水放入陶瓷或玻璃容器中，加热至沸腾，慢慢地加入硬脂酸，并不断搅拌，使硬脂酸完全熔化；停止加热后，加入碳酸钠、磷酸三钠和硅藻土，搅拌成乳液糊状物，冷却后即得成品。

【产品应用】　本品用于清洁银器。

【产品特性】　本品不仅对银器具有效果显著的清洁作用，而且费用低廉，使用方便。本品清洗效果好，不伤银器表面，洗涤后，银器表面会明亮如新。

实例29　油污清洁剂

【原料配比】

原　　料	配比(质量份)		
	1#	2#	3#
草酸	10	—	—
草酸钾	—	4	—

续表

原　　料	配比(质量份)		
	1#	2#	3#
二草酸	—	—	5
烷基苯磺酸	8	—	—
脂肪醇聚氧乙烯醚硫酸钠	—	11	—
脂肪酸聚乙烯醚酸硫酸钠	—	—	10
马来酸酐	5	—	—
水解聚马来酸酐	—	2	—
马来酸锌盐	—	—	6
盐酸	11	15	6
乙醇	—	—	0.2
水	加至100	加至100	加至100

【制备方法】　将水加入混合罐中,依次加入各组分,搅拌混合均匀,即得成品。

【产品应用】　本品用于去除油污。

【产品特性】　本品可快速、高效、彻底清除玻璃表层的重垢、油污,一次清洗时间1~2min,清洗成本大大降低。

实例30　无泡无磷消毒洗涤剂

【原料配比】

原　　料	配比(质量份)	
	1#	2#
AEO-9	2.3	3
A92R	0.7	0.4
聚醚L-62	2.5	3.5

续表

原　　料	配比(质量份)	
	1#	2#
丙烯酸—马来酸共聚物	1.2	2.4
三氯生	0.5	0.5
聚醚改性有机硅消泡剂	0.3	0.3
纯碱	3	—
水	加至100	加至100

【制备方法】　将各个组分按比例混合均匀即可。

【产品应用】　本品广泛应用于化妆品、卫生洗液、洗涤用品、医疗器械、食品器具的杀菌消毒。

【产品特性】　本品同时兼具消毒和洗涤两种功能，消毒洗涤效果好，高效无毒，无污染。

实例31　家用清洗清除垢剂

【原料配比】

原　　料	配比(质量份)	
	1#	2#
稀盐酸(6%)	860	—
稀盐酸(18%)	—	800
柠檬酸	10	10
磷酸	50	50
氟化铵	10	30
二氯化锡	10	30
硫脲	50	50
硅油	10	30
十二烷基苯磺酸钠	适量	适量

【制备方法】 首先将稀盐酸加入反应釜，然后在常温常压下加入磷酸和柠檬酸配制出除垢酸，最后在常温常压下加入氟化铵、二氯化锡、硫脲、十二烷基苯磺酸钠和硅油消泡剂，搅拌均匀过滤，即得成品。

【产品应用】 本品适用于以碳酸盐为主的水垢及各种尿垢和铁锈、铜锈的处理。尤其适用于家庭对铜、铁、铝、不锈钢、陶瓷、塑料等器皿水垢的处理，也可用于汽车水箱水垢的处理。

【产品特性】 本品由于采用无毒无害的二氯化锡、硫脲作缓蚀剂，刺激性小，气味小，改善了操作和使用环境，且制作工艺简单，安全可靠。

第四章　厨房洗涤剂

实例1　肉类清洗剂

【原料配比】

原　　料	配比(质量份)	
	1#	2#
柠檬酸钠	33	30
硫酸钠	5	9
蔗糖脂肪酸酯	7	5
丙二醇	12	10
斯盘-60	4	3
吐温-60	4	3
纯净水	35	40

【制备方法】　将水加热倒入混合罐中,将硫酸钠、柠檬酸钠、丙二醇分别按照需要的量进行称量后,放进混合罐中,搅拌混合均匀;然后将蔗糖脂肪酸酯、斯盘-60、吐温-60 投入已经预混合好的混合物中,混合均匀,即得成品。

【产品应用】　本品可用于猪、牛、羊、鸡、鸭等各种肉类及内脏的清洗。

【产品特性】　本品无味、无腐蚀,能够满足人们对于肉类清洗的各种需求。

实例2　杀菌消毒清洗剂

【原料配比】

原　　料	配比(质量份)
脂肪醇硫酸钠	12.5
脂肪醇硫酸酯三乙醇胺	12.5
防腐剂(4538)	0.2
柠檬香精	0.3
增稠剂食盐	适量
精制水	加至100

【制备方法】　将配方中各种物料分散于水中搅拌均匀,即得成品。

【产品应用】　本品主要用于洗涤水果、蔬菜、生吃食物及各种食用器皿。

【产品特性】　本品其成分和生产工艺简单,具有较强的去污、杀菌、去除有害物质的能力,对人体无毒害,不损伤水果、蔬菜等食物所含营养成分,具有高效的杀菌、除毒、去污能力强、使用安全方便等特点。

实例3　蔬菜残留农药清洗剂

【原料配比】

原　　料	配比(质量份)					
	1#	2#	3#	4#	5#	6#
蔗糖脂肪酸酯	4	13	3	32	58	—
脂肪醇聚氧乙烯醚	—	—	—	—	—	12
碳酸钠	8	15	10	50	30	12

续表

原　　料	配比(质量份)					
	1#	2#	3#	4#	5#	6#
偏硅酸钠	4	8	6	32	40	—
三聚磷酸钠	—	—	—	—	—	1.5
氯化钠	4	6	8	32	50	12
柠檬酸钠	5	15	6	35	40	5

【制备方法】　将各成分依次加入混合罐内搅拌混合均匀,即得成品。

【产品应用】　本品用于蔬菜残留农药的清洗。

【产品特性】　本品具有高效、安全、简便、快捷的蔬菜残留农药清洗剂,对人体无毒无刺激,生物降解率高,保护生态环境。

实例4　果蔬专用清洗剂

【原料配比】

原　　料	配比(质量份)
脂肪醇聚氧乙烯醚硫酸钠	9.5
烷基糖苷	5.5
脂肪醇聚氧乙烯醚	3.8
尿素	0.5
乙二胺四乙酸二钠	1.2
香精	适量
去离子水	加至100

【制备方法】　将配方中各组分混合,搅拌均匀后,即可包装出厂。

【产品应用】　本品用于清洗水果蔬菜。

【产品特性】　本品避免了磷酸盐对生态环境存在的潜在危害性,

有利于生态环境保护；同时产品为中性，烷基糖苷为天然表面活性剂且可减轻手洗对皮肤的刺激性，提高了产品的安全性。本品制造方法简单，能有效去除水果蔬菜表面的残留农药。

实例5　天然植物组合物洗涤剂

【原料配比】

原料		配比(质量份)					
		1#	2#	3#	4#	5#	6#
天然植物型表面活性剂	椰子油醇硫酸	1.2	1.2	2.4	2.4	3.2	3.3
	椰子油醇硫酸钠	11.5	12	13	15	10	9
	椰子油酸二乙醇酰胺	5	7	8	10	—	12
	葡萄糖酸酰胺	2.7	2.7	3	3	3.5	3.7
增稠剂	海藻酸钠	2	—	4.5	—	3.2	—
	海藻酸钾	—	2	—	4	—	3
洗涤助剂	氯化钠	0.10	—	0.20	—	0.15	—
	氯化钾	—	0.10	—	0.15	—	0.20
pH调节剂	苹果酸	1.7	—	2.1	—	3.1	—
	柠檬酸	—	2.2	—	2.4	—	3.6
淀粉酶		0.03	0.02	0.03	0.01	0.05	0.01
食用香料		适量	适量	适量	适量	适量	适量
去离子水		加至100	加至100	加至100	加至100	加至100	加至100

【制备方法】　将天然植物型表面活性剂溶于40～45℃的去离子水中，待天然植物型表面活性剂在水中全部溶解，成为透明溶液后，将溶液冷却至室温，再逐渐加入增稠剂海藻酸盐的水溶液，调整

溶液的黏度，然后加入洗涤助剂氯化钠或氯化钾，再边搅拌边加入pH调节剂苹果酸或柠檬酸至液体的pH为5～7，最后加入食物残渣分解助剂淀粉酶及适量食用香料如橘子油或柠檬油，混合均匀后，即得本品。

【产品应用】 本品适合洗涤生鲜食品、果蔬。

【产品特性】

(1)不含烷基苯磺酸钠和磷酸盐。本品有良好的生物降解性，属无毒无公害的绿色产品。有较强杀菌、抑菌作用。其洗涤快捷方便、安全卫生。冲洗水因不含磷酸盐而不污染环境。

(2)黏稠度适中，去污力强，用量少，泡沫适中，水溶性好，易于冲洗，省时省力。

(3)中性天然植物成分，在洗涤过程中不损伤果蔬中的维生素、活性酶及其他养分，对皮肤无刺激，保护手部皮肤不干燥、皱裂。

(4)常温下使用即可充分发挥去污功效，还可去除寄生虫卵、微生物及残留农药，防止病从口入。

实例6　食物专用清洗剂

【原料配比】

原　　料	配比(质量份)
干豌豆	15
食盐溶液(10%)	30
硅藻土	2
聚乙烯吡咯烷酮	1
柠檬酸三钠	5
乳酸钠	1
乙二胺四乙酸钠	0.5
苯甲酸钠	0.5
水	47

【制备方法】

（1）将干豌豆放入粉碎机进行粉碎，使其呈粉状，然后，将其与10%食盐溶液混合以便提取水解蛋白质；在制备过程中还需加入硅藻土（助滤剂），通过加热和搅拌作用以便达到精制的目的。

（2）将聚乙烯吡咯烷酮投入搅拌容器中，加入水，充分搅拌至小块聚合物膨胀，缓慢入液，呈黏性聚合物溶液，再进行加热搅拌。

（3）将柠檬酸三钠、乳酸钠、乙二胺四乙酸钠放入搅拌容器中进行充分搅拌，然后放入食品防腐剂苯甲酸钠混合搅拌，制得螯合剂。

（4）将蛋白质溶液、聚合物溶液与螯合剂、防腐剂一起送入离心机进一步精制后，流至成品储槽，此时，可根据要求，添加食物色素或香精以使洗涤剂有清香味和颜色。另外，加以适量的碱液、盐酸稀溶液以调节清洗剂的 pH 呈中性。

【注意事项】　本品包括水溶性、水分散性好的天然蛋白质种子、聚乙烯吡咯烷酮、水溶性螯合剂及食品防腐剂，利用天然种子蛋白质来取代人工合成活化剂，从而避免了因使用人工合成活化剂而给食物造成第二次污染。它既能吸附食物中农药、化肥残留量，又能保持食物原有的色、香、味和营养成分。为增强吸附能力，本品选用了水溶性好的聚乙烯吡咯烷酮，它能将留在荤、素食物上的有机磷、有机氯、昆虫腐质等污物吸附出以便清除。为适合鱼、肉食品的清洗，本品增加了乙二胺四醋酸钠和乳酸钠，它们与柠檬酸三钠一样能发生螯合作用，并具有杀菌作用。因此，可将动、植物类食物中所含的碱土金属及重金属离子螯合以便形成络合物，在食物中被除去，特别是对鱼、肉食品中所带的汞、铅、砷等多价离子。这种添加剂对细菌细胞还有抑制和破坏的作用。

为确保人体皮肤不致受损伤，本清洗剂成品控制在 pH 为 6 ~8 的中性范围。

【产品应用】　本品主要用于清洗荤素食物。

【产品特性】　本品使用方便，浸渍净化食物只需 5min 左右的时间，且成本低廉。

实例7　果蔬清洗剂

【原料配比】

原　　料	配比(质量份)			
	1#	2#	3#	4#
脂肪醇聚氧乙烯醚(15)	5.0	3.5	—	7.0
脂肪醇聚氧乙烯醚(9)	—	—	4.0	—
椰子油酸二乙醇酰胺	3.0	2.3	3.0	—
椰子油酸单乙醇酰胺	—	—	—	2.0
乙醇	4.0	5.9	10.0	3.0
碳酸钠	0.5	1.0	2.0	3.0
香精	0.005	0.01	0.01	0.01
蒸馏水	加至100	加至100	加至100	加至100

【制备方法】　将水加入混合罐中,然后加入配方中各组分,搅拌混合溶于水即得成品。

【注意事项】　利用非离子表面活性组分对油和水的浸润性,改变果蔬表面的残留农药表面物理特性,使农药脱离果蔬表面达到洗涤效果,同时利用大多数农药在碱性溶液中可以水解破坏的特性,达到消除农药残毒的目的。

【产品应用】　本品主要用于清洗食品、水果、蔬菜。

【产品特性】　采用本品可有效地洗掉果蔬表面的残留农药,易于用水清洗,保障食用的安全卫生。

实例8　果蔬专用含醋杀菌清洗剂

【原料配比】

原　　料	配比(质量份)
食用醋	80
土豆类淀粉	15

续表

原　　料	配比(质量份)
烷基多苷表面活性剂	1.5
2,4,4-三氯-2-羟基二苯醚	1.2
水	3.0

【制备方法】 制备时,先选好 pH 在 3.5~5.0 的食用醋,在土豆类淀粉中加入上述醋的一部分熔融备用;再将2,4,4-三氯-2-羟基二苯醚加入水中溶解,搅拌均匀备用;然后将剩余的食用醋及烷基多苷表面活性剂、淀粉液、2,4,4-三氯-2-羟基二苯醚水溶液按比例混合,并在高速均质机(10000r/min)内搅拌4min,充分溶解均匀即得成品。

【注意事项】 食用醋的酸度为3.5~5.0(pH)且不含防腐剂;淀粉可为玉米、土豆类食用淀粉,对油污具有较好的吸附清除作用;表面活性剂可为烷基多苷表面活性剂;2,4,4-三氯-2-羟基二苯醚具有良好的杀菌作用。

【产品应用】 本品主要用于水果、蔬菜及餐具的清洗。

【产品特性】 含醋杀菌消洗剂的制备方法科学合理,简单易行,成本低,效益好,采用本品清洗后的水果、蔬菜及餐具,不但清洁彻底、不留异味,且其含有的醋酸对水果、蔬菜中的维生素还具有一定的保护作用。

实例9　果蔬残留农药清洗剂(1)

【原料配比】

原　　料	配比(质量份)
脂肪醇聚氧乙烯醚	7
烷醇酰胺(6501)	8
乙二胺四乙酸二钠盐	0.2
氯化钠	1
苯甲酸钠	0.1

续表

原　　料	配比(质量份)
柠檬酸	0.2
香精	0.5
水	83

【制备方法】 首先将脂肪醇聚氧乙烯醚与50份纯水混合，加热至45～50℃溶解后，分别加入氯化钠、乙二胺四乙酸二钠盐、苯甲酸钠，全部溶解后冷却，加水33份，再慢慢加入烷醇酰胺，搅拌至完全均匀后用柠檬酸调pH至7.0～8.0，最后加食用香精，搅拌均匀即得成品。

【产品应用】 本品主要用于果蔬的清洗。

【使用方法】 每千克水中加入2～3g清洗剂，倒入水果，蔬菜浸泡6～10min，用清水冲净即可。

【产品特性】 本品的原料采用食品级原料配制而成，通过表面活性剂的作用，将脂溶性的残留农药等有害物以水包油的形式分散，溶于水中，从而达到清除目的。对水果、蔬菜表面的残留农药去除率高达99.2%，同时还可将果蔬表面的细菌、霉菌、虫污以及铅、汞等重金属洗涤干净，由于采用了生物降解性好，对鱼类等生物无毒的表面活性剂，洗涤果蔬后排出的废水不会造成二次污染，且清洗后果蔬本身的品质不会发生变化。

实例10　果蔬残留农药清洗剂(2)

【原料配比】

原　　料	配比(质量份)
脂肪醇聚氧乙烯醚硫酸钠	1
烷基苯磺酸钠	1
氯化钠	2
碳酸钠	0.5

续表

原　料	配比(质量份)
乙醇	2
丙三醇	1
纯水	92.5

【制备方法】 将脂肪醇聚氧乙烯醚硫酸钠、烷基苯磺酸钠、热纯水10份加入混合罐中,搅拌混合至完全溶解后,趁热加入氯化钠,再搅拌至溶解,静置降温至室温,这时加入碳酸钠、乙醇、丙三醇,全部搅匀后加入余下的水,搅拌至完全溶解,静置一夜后,待泡沫消失,缓缓罐装入容器,即得成品。

【产品应用】 用于瓜果蔬菜的清洗。

【使用方法】 将本剂洒在瓜果蔬菜表面,约5min后用清水冲洗即可达到无毒无菌无残留农药的目的。

【产品特性】 使用本品能将残留农药进行彻底的消毒清洗,而且配方中各原料均为水溶性,无任何滞留,稀释10倍后,可直接当洗澡用的浴液,也可当漱口水使用。

实例11　果蔬残留农药清洗剂(3)

【原料配比】

原　料	配比(质量份)
脂肪醇聚氧乙烯醚	3
椰子油烷基二乙醇酰胺(6502)	2
次氯酸钠	1.5
葡萄糖酸钠	0.1
乙二胺四乙酸钠	0.05
苯甲酸钠	0.05
香精	适量
柠檬酸	适量
蒸馏水	加至100

【制备方法】　将次氯酸钠和蒸馏水溶解混合后，加入脂肪醇聚氧乙烯醚，椰子油烷基二乙醇酰胺（6502）和乙二胺四乙酸钠（EDTA）进行搅拌后，再加入葡萄糖酸钠、苯甲酸钠和香精、柠檬酸，再搅拌均匀后即得成品。

【产品应用】　本品用于果蔬的清洗。

【使用方法】　将本品配成0.5%的水溶液，倒入蔬菜或水果中浸泡10～14min，而后用清水冲洗干净，即可清除蔬菜、水果表面的残留农药及灰尘、油污、虫污等有害物质，并具有消毒作用。

【产品特性】　本品用食用级的原料配制而成，对蔬菜、水果的残留农药去除率达99%以上，且还可去除蔬菜、水果表面的灰尘、油污、虫污等，用于蔬菜、水果的清洗，对人体无副作用，使用简单方便。

实例12　固体餐具洗涤剂

【原料配比】

原　料	配比（质量份）				
	1#	2#	3#	4#	5#
甲酯磺酸盐（MES）	5	10	15	20	10
皂粉	20	15	10	5	10
纯碱	20	20	20	20	20
三聚磷酸钠	1.5	1.5	1.5	1.5	1.5
偏硅酸钠	2	2	2	2	2
羧甲基纤维素	0.5	0.5	0.5	0.5	0.5
氯化磷酸三钠	20	20	20	20	20
无水硫酸钠	20.5	20.5	20.5	20.5	20.5
脂肪醇聚氧乙烯醚	—	—	—	—	5
水	适量	适量	适量	适量	适量

【制备方法】 先将 MES 与纯碱及适量的水混合后，再加入皂粉、三聚磷酸钠、偏硅酸钠、羧甲基纤维素、无水硫酸钠、脂肪醇聚氧乙烯醚混合，最后加入氯化磷酸三钠，搅拌混合均匀，即得成品。

【注意事项】 与通常的洗涤剂、特别是餐具洗涤剂一样，碳酸钠、磷酸钠、三聚磷酸钠、硅酸钠、偏硅酸钠、硫酸钠等无机盐成分和羧甲基纤维等常规洗涤助剂，以及对餐具消毒有特别意义的氯化磷酸钠等消毒灭菌剂等常规成分，在本洗涤剂中也是必不可少的，其选择组分及用量可按常规处理。本洗涤剂所特别提出的是表面活性成分的选择和使用应为甲酯磺酸盐（MES）和皂粉（碱金属的高级脂肪酸盐）的组合形式，其在洗涤剂中的质量分数为 5% ~20%，在此基础上，如果认为必要，能再配合使用如聚氧乙基醚类的非离子表面活性剂是可取的，其用量可为洗涤剂的 2% ~5%。

由于甲酯磺酸盐（MES）的生物降解率高，用其代替生物降解率不高且有毒性的烷基苯磺酸盐，对于餐具洗涤剂而言是有重要意义的，能保证对人体的安全。其与同样系天然原料的皂粉相配合，不仅保证了安全性，也提高了洗涤性能，特别是清除油腻及油污的能力。同时，甲酯磺酸盐还具有优良的钙皂分散力，与皂粉在溶解性、去污力、钙皂分散力等某些方面的性能互补后，对提高洗涤剂的洗涤性能是有利的。与目前市售的液体餐具洗涤剂相比，本洗涤剂的平均去污力提高了约 2.6 倍。

由于本餐具洗涤剂为固态形式，因此为加入作为消毒灭菌剂的氯化磷酸钠提供了有利条件。同时，在上述组成体系中加入氯化磷酸钠后，其最低消毒灭菌浓度可以由单独使用氯化磷酸钠的 50mg/kg 降低到 100mg/kg，而且稳定性也比单独使用时大大提高，这表明本洗涤的组成体系还具有明显提高氯化磷酸钠灭菌活性的特点，不仅可使洗涤、灭菌同时一次完成，而且可大大节约消毒灭菌剂的使用量，大大优于目前只具有洗涤功能的液态餐具洗涤剂。

在上述甲酯磺酸盐（MES）中，虽然其脂肪酸链的碳数不同对去污力、泡沫高度及抗硬水性能等方面有某些相互交叉的差异性，但从实际使用环境和条件上讲并无本质性的影响。并且从天然原料的来源难易及经济角度来讲，以 C_{12} ~ C_{18} 的碳链，尤其是以最常见易得的 C_{16} ~ C_{18} 的脂肪酸最为可取。

【产品应用】 本品主要用于餐具洗涤，可代替液体餐具洗涤剂。

【产品特性】 本品为固体，运输储存方便，除具有洗涤作用外，还有良好的杀菌作用，使消毒杀菌及清洗一次完成。

实例13　温和无毒型餐具洗涤剂

【原料配比】

原　料	配比(质量份)
烷基多苷(APG)(47%)	20
Bs-12(100%)	2
氧化胺(30%)	49
氯化钠	0.5
香料	0.01
去离子水	加至100

【制备方法】 在反应釜中加去离子水，加热至30~55℃再加入烷基多苷，搅拌均匀后再加入Bs-12和氧化胺；加磷酸调节pH至7~7.5；加入氯化钠溶液；加入微量香精，搅拌0.5h，再老化2h，装瓶，即得成品。

【产品应用】 本品主要用于厨房清洗餐具、炊具、灶具等。

【产品特性】 本品采用的绿色表面活性剂是以用油脂水解所得的脂肪醇和葡萄糖为原料制得的烷基多苷为主原料，另加由椰子油和二乙醇胺反应制得的Bs-12，还有无毒的氧化胺等原料制成的。所以本品除无毒外，还大大降低其对皮肤的刺激性，特别是对油性污垢的去污能力大大增加。

实例14　抗菌性餐具洗涤剂

【原料配比】

原　　料	配比(质量份)		
	1#	2#	3#
十二烷基苯磺酸钠	9.4	9.1	8.5
十二醇醚硫酸盐	9.5	9	10.5
十二烷基聚葡糖苷	—	4	—
椰子氨基丙基甜菜碱	0.3	—	0.3
苯甲酸	3	3	—
苯甲酸钠	—	—	3.5
乙醇	0.9	—	—
异丙苯磺酸钠	—	1.5	0.2
香料	0.2	0.4	0.2
水	加至100	加至100	加至100

【制备方法】 将配方中各组分在搅拌下溶于水中,然后静置到无泡沫时,即得成品。

【产品应用】 本品主要用于厨房清洗餐具、炊具、灶具等。

【产品特性】 本品具有抗菌作用,能抑制细菌的增长,在很大程度上还能杀死一系列细菌,同时具有较强的洗涤净化能力,不刺激皮肤,且对环境无害。

实例15 餐具洗涤剂(1)

【原料配比】

原料	配比(质量份)				
	1#	2#	3#	4#	5#
烷基多苷(47%)	8	12	25	18	35
脂肪醇聚氧乙烯醚硫酸酯盐(70.5%)	2	5	3	4	6
α-烯基磺酸盐	1	3	2	2.5	4
氧化胺(30%)	2	5	4	4.5	6
三乙醇胺	0.5	2	1	1.5	3
氯化钠	0.3	0.5	0.5	0.5	1
EDTA	0.2	0.15	0.2	0.3	0.5
海藻多糖	0.3	1	0.8	1.5	2
水	加至100	加至100	加至100	加至100	加至100

【制备方法】

(1)向反应釜中加入30份去离子水,加热至35~40℃,加入称量好的脂肪醇聚氧乙烯醚硫酸酯盐,充分混合搅拌均匀;另取容器加入30份去离子水加热至30~35℃,加入称量好的烷基多苷,充分混合搅拌均匀加入反应釜中,充分混合搅拌均匀,依此加入α-烯基磺酸盐、三乙醇胺、氧化胺、EDTA,充分混合搅拌均匀。

(2)加柠檬酸适量调节pH至7~7.5。

(3)冷却至室温,加入海藻多糖,充分混合搅拌均匀。

(4)加入氯化钠搅拌0.5h,再老化1.5h,即得成品。

【产品应用】 本品特别适用于手洗清洁餐具。

【产品特性】 本品主要成分为天然产物衍生物,为绿色表面活性剂,独含海藻提取物,对皮肤温和、无伤害,且有促进伤口愈合作用,具有良好的生物降解性,无二次污染,符合环保要求。

实例16 餐具洗涤剂(2)

【原料配比】

原　　料	配比(质量份)
十二烷基硫酸钠	5
α-烯基磺酸盐	8
十二烷基苯磺酸钠	6
椰子油酸甲酯二乙醇酰胺	2
异丙醇	1
二甲苯磺酸钠	3
羧甲基丙醇二酸钠	0.5
凯松CG(Kathon CG)	0.2
聚乙二醇10000	3
柠檬香精	0.15
去离子水	加至100

【制备方法】 按配方量将去离子水放入配料罐中,加热到40℃,加入表面活性剂十二烷基硫酸钠、α-烯基磺酸盐、十二烷基苯磺酸钠、椰子油酸甲酯二乙醇酰胺,搅拌均匀后,再依次加入助溶剂异丙醇、二甲苯磺酸钠、螯合剂羧甲基丙醇二酸钠、防腐剂凯松CG、增稠剂聚乙二醇10000、香精,搅拌混合均匀即可灌装。

【产品应用】 本品可用于清洗碗碟、蔬菜、水果等餐具或食品。

【产品特性】 本品具有去污力强、成本低、对手部皮肤较温和、不易分层、稳定性好、不会长菌、无毒无害等优点。本品制造方法简单,只需低温加热,搅拌混合即可制成成品,因而在工业生产上很易实现。

实例17　餐具洗洁剂(1)

【原料配比】

蔗糖酯

原　　料	配比(质量份)		
	1#	2#	3#
椰子油	51.2	—	—
菜籽油	—	49.7	45.8
蔗糖	28.7	32.6	33.8
脂肪酸钾	9.1	—	—
脂肪酸单甘油酯	—	10.3	10.4
无水碳酸钾	8.5	—	5.6
氢氧化锂	—	6.9	—

【原料配比】

洗洁剂

原　　料	配比(质量份)		
	1#	2#	3#
烷基多糖苷	3.5	—	8.9
α-烯基磺酸盐		—	3.4
脂肪醇聚氧乙烯醚	9.7	—	—
脂肪醇聚氧乙烯醚硫酸铵	—	10.7	—
蔗糖酯	4.1	4.7	2.5
椰子油脂肪酸单乙醇胺	—	2.7	3.9
香精	0.05	0.05	0.05

【制备方法】

(1)蔗糖酯的制备:将油脂(天然、人工动植物油)、蔗糖、助溶剂

(脂肪酸钾、脂肪酸单甘油酯)、催化剂(氢氧化锂、无水碳酸钾),置于反应器中,在常压下,混合加热,搅拌,控温 80～150℃,反应 6～8h,可一步合成转化率为 80% 以上的蔗糖酯。

(2)洗洁剂的制备:将蔗糖酯、表面活性剂(α－烯基磺酸盐、烷基多糖苷、椰子油脂肪酸单乙醇胺、脂肪醇聚氧乙烯醚、脂肪醇聚氧乙烯醚硫酸铵)混合加入水中,搅拌溶解,充分溶解后加入香精,即得成品。

【产品应用】 本品用于餐具的清洗,还可洗洁瓜果蔬菜等。

【产品特性】 本品制备方法简单,成本低廉,属绿色产品。

实例 18　餐具洗洁剂(2)

【原料配比】

原　　料	配比(质量份)		
	1#	2#	3#
氯化钠	68	68	68
食用纯碱	10	10	10
无水硫酸钠	9	9	9
脂肪醇聚氧乙烯醚硫酸钠	13	7	—
脂肪醇与环氧乙烷缩合物	—	6	—
季铵盐类	—	—	13
香精	适量	适量	适量

【制备方法】

(1)将氯化钠、纯碱、硫酸钠按比例分别计量后,投入搅拌机内搅拌均匀,再投入表面活性剂脂肪醇聚氧乙烯醚硫酸钠、脂肪醇与环氧乙烷缩合物、季铵盐类,继续搅拌至混合均匀后,再转入干燥器内进行干燥。

(2)将干燥处理后的混合料冷却后,转入搅拌机内,再加入香精搅拌混合均匀，最后转入储料桶，计量包装即得成品。

【产品应用】 本品用于餐具的清洗。

【产品特性】 本品使用方便、可靠、洗涤效果好、对洗涤物有杀菌、消毒作用，生产和使用成本较低且包装、储藏、运输方便并可用于动物内脏的清洗等特点。

实例19　超强去污膏状洗洁精

【原料配比】

原　　料	配比（质量份）
十二烷基苯磺酸钠	26
脂肪醇聚氧乙烯醚硫酸盐	26
十二烷基二乙醇酰胺	22
脂肪醇聚氧乙烯醚	10
pH 调节剂柠檬酸	适量
防腐剂尼泊金乙酯	0.5
香精（柠檬香精）	0.8
盐	12
去离子水	约 5.6972

【制备方法】 在常温常压下，在半封闭反应锅内按配比先加入水溶解十二烷基苯磺酸钠、然后分别加入脂肪醇聚氧乙烯醚硫酸盐、十二烷基二乙醇酰胺和脂肪醇聚氧乙烯醚、再加入 pH 调节剂柠檬酸，使 pH 达到 8 左右，再加入少量防腐剂尼泊金乙酯、香精，最后加入盐和去离子水形成膏状产品。

【产品应用】 本品特别适用于对餐具、蔬果及油污的清洗。

【产品特性】 本品具有高效、去污力特强，性质温和、无毒、无损皮肤，方便运输、节省费用等优点。

实例20 厨房专用油污清洗剂

【原料配比】

原料	配比(质量份)		
	1#	2#	3#
十二烷基苯磺酸钠	10	8	12
脂肪醇聚氧乙烯醚	8	5	10
二乙醇胺	5	4	6
乙二醇丁醚	5	4	6
乙醇	6	5	8
环氯丙烷	5	4	6
尿素	6	5	10
香料	适量	适量	适量
水	加至100	加至100	加至100

【制备方法】 将配方中各组分溶于水中,混合搅拌均匀即得成品。

【产品应用】 本品用于厨房油污清洗。

【产品特性】 本品常温下配制即可,具有强化除油效果好;无公害、无毒、无腐蚀性。

实例21 含萜烯类溶剂的清洗剂

【原料配比】

原料	配比(质量份)					
	1#	2#	3#	4#	5#	6#
松油	0.5	—	—	—	5	—
松油醇	—	1	—	—	—	1.5
β-萜烯	—	—	2	—	—	—

续表

原　　料	配比(质量份)					
	1#	2#	3#	4#	5#	6#
α-蒎烯	—	—	—	3	—	—
乙二醇单丁醚	3	3	—	6	—	6
乙二醇单甲醚	—	—	2	—	—	—
乙二醇单乙醚	—	—	—	—	15	—
脂肪酸二乙醇酰胺	5	15	1	5	5	5
脂肪醇聚氧乙烯醚	5	5	5	5	1	5
水	加至100	加至100	加至100	加至100	加至100	加至100

【制备方法】　将配方中各组分按配比在常温下溶于水中,搅拌溶解即得成品。

【产品应用】　本品用于清洗厨房油烟以及油渍污染物。

【产品特性】　本品具有不易燃,稳定不分层,清洗效果优良的特点。

实例22　洗碗机专用餐具洗涤剂

【原料配比】

原　　料	配比(质量份)		
	1#	2#	3#
氢氧化钾	13	—	15
氢氧化钠	—	15	—
焦磷酸钾	10	—	—
乙二胺四乙酸四钠	—	—	5

续表

原　　料	配比（质量份）		
	1#	2#	3#
改性聚丙烯酸	4.0	6.0	5.0
羟基亚乙基二膦酸钠	1.5	—	—
二乙烯三胺五亚甲基膦酸	—	1.5	—
氨基三亚甲基膦酸	—	—	1.0
色素	—	0.003	0.003
水	加至100	加至100	加至100

【制备方法】 取强碱性物，氢氧化钠或氢氧化钾在搅拌下缓缓加入适量的水中，溶解过程中会放热，温度自动升高。完全溶解后冷却，物料温度至40～55℃时，逐渐加入水溶性助洗剂焦磷酸钾、乙二胺四乙酸盐、聚合物螯合助剂改性聚丙烯酸、缓蚀阻垢剂羟基亚乙基二膦酸盐、二乙烯三胺五亚甲基膦酸、氨基三亚甲基膦酸盐、余量水，还可根据需要加入水溶性色素等组分，继续搅拌至物料全部溶解均匀，40℃以下可出料灌装，即得成品。

【产品应用】 本品适合洗碗机使用。

【产品特性】 本品洗涤去污性能强，具有较好的阻垢和防垢性能。

实例23　消毒洗涤膏

【原料配比】

原　　料	配比（质量份）		
	1#	2#	3#
磷酸三钠	30	28	28
三聚磷酸钠	1.5	1.5	1.5
氯化钠	25	26	26

续表

原　　料	配比(质量份)		
	1#	2#	3#
氢氧化钠	7	7	—
碳酸钠	—	—	7
十二烷基苯磺酸钠	2.5	3	3
柠檬酸	5	6	6
水	6	6	6
乙醇	5	4	4
丙三醇	0.3	0.4	0.4
水果香型香精	0.7	0.8	0.8
水	17	17	17

【制备方法】

将三聚磷酸钠、磷酸三钠、氯化钠和氢氧化钠混合，搅拌均匀；将十二烷基苯磺酸钠用10份水溶解后加入上述混合物中，继续搅拌；将柠檬酸用5份热水溶解后加入上述混合物中，调节pH至7.0~8.0；在不断搅拌下，升温乳化；冷却至常温；搅拌下，依次加入乙醇、丙三醇和香精；将制得的混合物磨细成白色膏状体，然后放置一段时间；再加入余下的水，调膏至合适的稠度，搅拌均匀，即可包装。

【产品应用】 本品可用于餐具的消毒，也可用于工作人员洗手灭菌，并可滋润皮肤。

【产品特性】 本品杀菌灭毒效果显著；去污力强；无毒无害无刺激；本品为膏状，可像牙膏一样进行包装，非常方便，而且在-4~45℃的范围内，性能稳定。

实例 24 自动餐具清洗机用清洗剂

【原料配比】

原料	配比(质量份)	
	1#	2#
油酸	8.0	4.0
氢氧化钾	1.8	1.0
聚氧乙烯山梨醇酐单油酸酯(吐温-80)	15.0	25.0
乙二胺 PO—EO 嵌段共聚物(PN-30)	3.5	9.0
磷酸三钠	1.0	2.0
蒸馏水	加至100	加至100

【制备方法】 在容器a中,加入油酸,加热溶化并溶解均匀;再在b容器中,加入氢氧化钾、蒸馏水,搅拌溶解并加热至80℃左右;将容器a中的脂肪酸慢慢加入容器b中,搅拌并保持温度在80℃左右20min,至油酸中和完全;热后加入表面活性剂聚氧乙烯山梨醇酐单油酸酯(吐温-80)、乙二胺PO—EO嵌段共聚物(PN-30),溶解分散均匀;加入磷酸三钠,溶解分散均匀;罐装,即得成品。

【产品应用】 本品用于清洗餐具清洗机。

【产品特性】 本品低碱,对清洗机无腐蚀;对环境人体安全;特别是泡沫低,即使在搅拌下泡沫也非常少,清洗效果非常好。

实例 25 阻垢型机用餐具洗涤剂

【原料配比】

原料	配比(质量份)	
	1#	2#
氢氧化钾	30	—
氢氧化钠	—	40
耐碱低泡表面活性剂(脂肪醇环氧乙烷缩合物)	5	5

续表

原　　料		配比(质量份)	
		1#	2#
阻垢剂羟基亚乙基二磷酸钠		1	1
螯合剂乙二胺四乙酸四钠		40	30
助洗剂	硫酸盐	15	—
	硅酸盐	—	15
	氯化钠	—	—
消泡剂 SAG630		1	1.5
杀菌剂		0.5	0.5
水		加至100	加至100

【制备方法】 将配方中各组分加入混合罐中,搅拌混合使各组分溶于水中即可。

【产品应用】 本品用于宾馆、酒店、餐饮业的商用洗碗机中使用。

【产品特性】 本品不受溶液饱和度限制,高度浓缩不渗漏,降低包装、储运成本和危险性。本品将高浓度碱、低泡表面活性剂、螯合剂和有机多元膦酸盐复配,既提高去污力又降低表面活性剂和水中的钙、镁等离子同污垢中蛋白质、脂肪酸生成不溶于水的盐,防止其在被清洗表面残留。本品用的无磷螯合剂和添加含氯杀菌剂,既环保又除菌。

实例26　超力油污清洗剂

【原料配比】

原　　料	配比(质量份)			
	1#	2#	3#	4#
烷基醚酯	10	15	20	20
十二烷基丙基甜菜碱	3	—	1.5	—

续表

原　　料	配比(质量份)			
	1#	2#	3#	4#
椰油酰胺基甜菜碱	—	3	1.5	2
脂肪醇聚氧乙烯醚	8	5	8	5
烷基苯磺酸钠	3	3	5	3
乙醇	12	15	10	10
尿素	2	2	1	2
香精	0.05	0.05	0.05	0.05
去离子水	61.95	56.95	52.95	62.95

【制备方法】 按配方比例将烷基醚酯、十二烷基丙基甜菜碱、椰油酰胺基甜菜碱、脂肪醇聚氧乙烯醚、烷基苯磺酸钠、去离子水加入反应釜中加热搅拌2~4h,温度控制在50~80℃,然后冷却至40℃将乙醇、尿素、香精加入,继续搅拌1h,取样检验、包装即得成品。

【产品应用】 本品可广泛地用于厨房用具、抽油烟机、排风扇、车辆、机电设备以及其他物体表面的污物、油泥的清洁洗涤,也可用于沙发、地毯、皮革、衣服鞋袜等软表面物体的污垢的清洗。

【产品特性】 本品对各种油污溶解高效快速(包括对其他清洗剂不容易清洗的厨房用具上的油污)具有很强的广谱性;具有良好的分散性,对各种油污尘垢极易在本清洗剂和水配合成的混合液中分散、解胶脱落,带油污的抹布过水即净,不黏不腻,清洁柔软;具有良好的生物降解性,有利于环境保护境保护;无毒、无腐蚀不刺激皮肤、家具、衣物、家用电器外壳表面不损伤;不燃不爆、使用安全可靠;低泡性,容易清洗,节约用水,减少水资源的浪费;生产工艺简单、成本低、除污效果好。

实例27 去污清洁剂

【原料配比】

原料	配比(质量份)
氢氧化钠	8
碳酸钠	2
氧化钙	18
碳酸钙	8
表面活性剂	1
除锈剂	3
羧甲基纤维素	1
丙三醇	4
水	55

【制备方法】 在配料罐中加入水,然后逐步将各种原料加入水中溶解即得到产品。如需要,最后可加入适量香料以增加产品的香味。本品最终呈膏状,可装入软管中包装使用。

【注意事项】 本品中氢氧化钠、氢氧化钾和碳酸钠的作用是溶解油污,表面活性剂为烷基苯磺酸钠、烷基磺酸钠,其作用是提高去污能力,载体为氧化钙,辅助载体为碳酸钙,其作用是延长在器皿上停留的时间,胶黏剂为羧甲基纤维素,其作用是增加产品的黏度和润滑性,润滑剂为丙三醇,其作用是降低碱的刺激性和增加润滑性,除锈剂为亚硫酸钠和硝酸钠的混合物,其作用是清除镀铬器皿上的铁锈,香料的作用是改善产品的物理性能。

【产品应用】 本品用于清洗家用排油烟机、陶瓷、塑料制品、搪瓷、铝制品等。

【产品特性】 本品清除油污不要摩擦,效果显著,特别是对家用脱排油烟机的风叶片上的油污,清除效果特好,并能清除器皿底部的积碳,同时还可去除金属上的锈斑,对镀铬金属和铝制器皿还有抛光作用,产品为膏状体,盛装于软管内,携带和使用都很方便。

实例28　中性清洁剂

【原料配比】

实例1

原　　料	配比(质量份)
羧甲基纤维素	0.1
荧光增白剂	0.1
氢氧化钠	8
二氧化氯	0.1
甘油	1
脂肪醇聚氧乙烯醚	1
硼酸	1
柠檬酸	0.2
香料	0.1
颜料	0.1
水	88.3

【制备方法】　将水加入混合罐中,加热到70℃时,加入羧甲基纤维素、荧光增白剂、氢氧化钠、二氧化氯、甘油,待上述物质溶解、反应后,将溶液冷却至35℃时,再加入脂肪醇聚氧乙烯醚、硼酸、柠檬酸、香料及颜料,用碱或酸调至pH至7。

实例2

原　　料	配比(质量份)
羊毛脂	0.4
碳酸钠	16
薄荷醇	1

续表

原　　料	配比(质量份)
高锰酸钾	1
丙二醇	2
亚硝酸钠	2
脂肪醇聚氧乙烯醚	3
苯甲酸	2
酒石酸	3
橄榄油	3
香料	0.5
颜料	0.5
水	65.6

【制备方法】 将水加入混合罐中,将水加热到90℃时,加入羊毛脂、高锰酸钾、碳酸钠、薄荷醇、丙二醇、亚硝酸钠,待上述各物质溶解、乳化反应后,将溶液冷却至30℃,再加入乳化剂脂肪醇聚氧乙烯醚、苯甲酸、橄榄油、酒石酸、香料、颜料,用碳酸钠或酒石酸调配,使pH为7即可。

【产品应用】 本品可用于多种场合的清洁除污,对厨房油污、金属制品、玻璃及器皿、塑料、人造革、搪瓷、陶瓷等表面油污均有较好的去除作用。将本品喷洒在油污上,随即油污中的黄色油质分解自行流出,用毛刷将其油污一擦到底,冲洗一次;再次喷洒后,将全部油污抹擦冲洗干净。

【产品特性】 本清洁剂直接利用原料的酸与碱中和,形成中性溶剂;而调整剂在溶液中起调整作用,调整溶液的酸碱度及浓度。因此本清洁剂中不需加入pH调整剂,不会产生原料析出的现象,即使加入各种香料、颜料,仍不会产生析出、沉淀或漂浮现象,质量稳定。清洁剂中的生化物类物质对皮肤起保护的作用,同时还能起防冻作用,使之在北方寒冷的冬天仍不会凝固,使用更方便。乳化剂对油及污垢起乳化、分散的作用,加强了溶剂的去污能力,使之能清洁各种物质。清洗剂中各组分及其反应后产生的各种物质均不会使金属制品产生锈蚀现象,并且容易被微生物分解,不会对环境造成污染,而且对污水、污物还有杀菌、消毒的作用。

实例 29 排油烟机清洗剂

【原料配比】

原料	配比(质量份)
烷基苯磺酸钠(30%)	10
碳酸钠水溶液(40%)	100~150
羧甲基纤维素溶液(6%)	40

【制备方法】 将烷基苯磺酸钠制配成30%的溶液,将无水碳酸钠过筛,颗粒粉碎再过筛至完全通过40目筛,放入容器内加30℃水配成40%的溶液,将羧甲基纤维素加温水配成6%的溶液,将三种溶液混合并充分搅拌均匀即可。

【注意事项】 本品使用无水碳酸钠为主要原料,去污能力强,效果好。根据一般食用油的平均皂化值计算,每克碳酸钠可去除油脂6~8g,加入烷基苯磺酸钠,增加了无水碳酸钠的去污能力,羧甲基纤维素作为赋型剂,使洗涤剂黏稠度增加,并可有效防止无水碳酸钠从潮湿空气中逐渐吸收二氧化碳而形成碳酸氢钠结晶。

【产品应用】 本品除专门用于脱排油烟机的清洗外,也适用于所有被油烟污染的物品。

【产品特性】 本品清洗去污能力强,且无毒无腐蚀作用。

实例30　免水洗高效油污清洁剂

【原料配比】

原　　料	配比(质量份)					
	1#	2#	3#	4#	5#	6#
强力乳化浆 A2	65	78	80	75	80	76
净洗剂 JU	9	5	5	8	6.5	10
渗透剂 JFC	5	6	3	4	3	2
二乙醇胺	1.5	2	1.6	2	2.5	2
甲苯	6	6	4	5	3	3.5
石油醚(60~90℃馏分)	4.5	2	5	5	3	3.5
水	9	1	1.4	1	2	3
桂花或柠檬香精	适量	适量	适量	适量	适量	适量

【制备方法】　在不锈钢乳化反应锅内,先加入少量强力乳化浆 A2,然后将其余组分按配方量分别加入,开动搅拌,转速 1400~2800r/min,打浆乳化 20~30min,打浆均匀,最后加入适量香精,再搅拌均匀,放料,包装,即得成品。

【产品应用】　本品不仅特别适用于擦揩脱除煤气灶、脱排油烟机、排气扇、电冰箱等机具上的顽渍污垢,且对用于厨房窗玻璃、墙面瓷砖等的清洁均有良好效果。

【使用方法】　只需将本清洁剂少许倒在揩布上,涂抹在被清洁物表面,待其渗入污垢层出现膨化(2~3min)后,再用揩布往复擦揩,即可将污垢除去。

【产品特性】　本清洁剂能渗透入油垢层内并使之膨化,使油垢容易与机具表面脱离,从而可用干擦揩的方式将其从机具表面除去,无须再用水冲洗,由于其为浓稠物,不仅方便使用,而且可降低运输成本。

实例31　厨房生活用具去污粉

【原料配比】

原　　料	配比(质量份)
硅藻土	93
十二烷基苯磺酸钠	4
氯化钠	0.9
碳酸钠	1
苯甲酸钠	1
吐温-80	0.1

【制备方法】 将硅藻土进行高温处理，除去水分，使之易于粉碎加工；将干燥的硅藻矿土粉碎、过筛、选90~100目的硅藻土粉；将硅藻土与其他添加剂成分按比例混合，搅拌均匀，即得成品。

【产品应用】 本品用于厨房用具的清洁去污，尤其对硬表面制品的油污具有较好的去除作用。

【产品特性】 将硅藻土与本去污粉的其他添加剂组分混配，可产生协同效果，使去污力意想不到地显著增强，同时该去污粉又是中性的，对人体和器皿无损伤、腐蚀现象。本品经试验，无泡沫，故容易清洗，而且还能增加器皿的光洁度。

由于硅藻土本身具有吸附细菌的功能，因此在洗涤过程中该产品具有除菌清洁作用。

实例32　油污清洗剂

【原料配比】

原　　料	配比(质量份)
氢氧化钠	40
水	1000
磷酸三钠	10

续表

原　　料	配比(质量份)
三乙醇胺	60
碳酸钠	80
烷基苯磺酸钠	7
泡花碱	120

【制备方法】 将氢氧化钠加水溶解成液状,然后加入磷酸三钠、三乙醇胺、碳酸钠、阴离子表面活性剂烷基苯磺酸钠和泡花碱搅拌均匀即可。

【产品应用】 本品可广泛用于除去厨房中各种炊具包括炉具、抽油烟机上的油污和烟垢。

【产品特性】 本品使用效果好,去油污力强,生产成本低,无毒副作用。

第五章　沐浴洗涤剂

实例1　沐浴露

【原料配比】

原　　料	配比(质量份)	
	1#	2#
十二烷基硫酸钠	8	9
脂肪醇聚乙烯醚硫酸盐	6	5
二十八烷醇粉末(纯度 14%)	1	—
二十八烷醇粉末(纯度 20%)		0.8
甘油	4	—
丙二醇	—	4.5
椰子油酸乙二醇胺	5	4
柠檬酸	0.3	0.2
珠光膏	0.3	0.3
尼泊金甲酯	0.5	—
凯松 CG	—	0.5
香料	0.2	0.2
去离子水	74.7	75.5

【制备方法】

(1)将纯度 14% ~20% 的二十八烷醇粉末 0.1% ~3% 加入 2% ~8% 的保湿剂中,加热至 70 ~90℃使其完全溶解。

(2)同时将去离子水加热至 65 ~70℃,加入 9% ~25% 的表面活性剂,搅拌均匀至溶解。

(3)将溶解了二十八烷基的保湿剂加入溶解了表面活性剂的去离子水中。

(4)加入3%～8%的椰子油酸乙二醇胺和0.2%～0.5%的珠光膏,混合均匀。

(5)待温度降至40～50℃时加入0.05%～0.5%的柠檬酸、防腐剂0.01%～3%、香料0.01%～1%,混合均匀即得本品。

【注意事项】 本品中表面活性剂可以取十二烷基硫酸钠和脂肪醇聚乙烯醚硫酸盐;保湿剂可以取甘油或丙二醇;防腐剂可以取尼泊金甲酯或凯松CG。

【产品应用】 本品用于沐浴。

【产品特性】 本品泡沫丰富、质地细腻,不仅可以清洁、滋润皮肤,还具有促进血液循环、增强皮肤活性、消除肌肉疲劳的功效。

实例2　沐浴片

【原料配比】

原料	配比(质量份)								
	1#	2#	3#	4#	5#	6#	7#	8#	9#
花瓣精	325	310	350	300	330	320	305	340	350
碳酸氢钠	2050	1950	2100	1850	2020	2000	1800	2080	2070
富马酸	305	280	310	—	305	300	300	—	290
枸橼酸	520	—	500	480	—	510	515	520	—
柠檬酸	—	330	0	300	—	280	—	—	—

【制备方法】

(1)花瓣精的制备:先取新鲜干净的花瓣若干,置提取罐中;以4～8倍量(4倍量即每1000g质量的花瓣,乙醇加入量为4000mL)40%～80%的乙醇加热至沸腾回流提取1～3次,每次提取1～2h,总提取时间为2～4h;再将第2步获取的提取液合并,置于旋转蒸发仪回收乙醇;最后将提取物置烘箱中60～80℃干燥,得到花瓣精。

(2)沐浴片的制备:将各组分混合均匀即可。

【注意事项】 所用花瓣可以是各种单一花瓣,如玫瑰花、茉莉花或菊花等，也可以是若干种花瓣的混合物。

【产品应用】　本品用于沐浴。

【产品特性】

(1)本品用乙醇作为提取剂，对人体无毒、无害；花瓣中的精华提取更加充分；工艺简单，易于操作。

(2)由花瓣精制成的沐浴片(泡腾片)由于其主要活性成分为花瓣精，而花瓣精中含有丰富的营养物质及多种维生素、微量元素、蛋白质和脂肪等，美容润肤效果特别优良。

(3)由花瓣精制成的沐浴片(泡腾片)，不但使用方便，即用即取，不用提前准备，易于保存(可像普通洗浴用品一样置于容器中长时间存放，而不用担心其功效丧失)，而且人们只需以很小的成本就能享受到花瓣浴的效果，让花瓣浴方便地走进普通百姓的家庭。它能够完全取代新鲜花瓣而使花瓣浴变得非常容易。作为一种沐浴用新产品，本沐浴用泡腾片更是提高了洗浴的舒适性和趣味性。

实例3　沐浴乳

【原料配比】

原　　料	配比(质量份)									
	1#	2#	3#	4#	5#	6#	7#	8#	9#	10#
荔枝核提取物	10	5	10	50	100	150	50	100	10	10
甜菜碱	4	4	4	4	4	4	4	4	4	4
烷基醇酰胺	4	4	4	4	4	4	4	4	4	4
脂肪醇聚醚硫酸盐	13	13	13	13	13	13	13	13	13	13
吐温-80	2	2	2	2	2	2	2	2	2	2
单甘酯	3	5	5	5	5	5	5	5	5	5
十八醇	3	3	3	3	3	3	3	3	3	3
丙二醇	4	4	4	4	4	4	4	4	4	4

续表

原　　料	配比(质量份)									
	1#	2#	3#	4#	5#	6#	7#	8#	9#	10#
尼泊金甲酯	0.1	0.1	0.1	0.1	0.1	0.1	0.1	0.1	0.1	0.1
尼泊金丙酯	0.1	0.1	0.1	0.1	0.1	0.1	0.1	0.1	0.1	0.1
柠檬酸	适量	适量	适量	适量	适量	适量	适量	适量	适量	适量
丹参提取物	5	—	—	—	—	—	—	—	—	—
珍珠超细粉	—	—	—	—	—	5	—	—	—	—
小麦提取物	—	—	—	—	—	—	5	—	—	—
人参提取物	—	—	—	—	—	—	—	—	6	—
去离子水	加至100	加至100	加至100	加至100	加至100	加至100	加至100	加至100	加至100	加至100

【制备方法】　将荔枝核粉碎后用水和乙醇的混合溶剂提取2～3次,每次1～2h,提取的温度为55～70℃,浓缩后干燥即得荔枝核提取物,将荔枝核提取物辐照灭菌后,加入沐浴乳的敷料,搅拌均匀,包装即得。

1#、6#、7#荔枝核提取物的制备:500g荔枝核,粉碎后用水和丙酮二者的质量比为1∶2的混合溶剂的2.5L提取2～3次。

2#荔枝核提取物:500g荔枝核,粉碎后用水和乙醇二者的质量比为1∶3的混合溶剂3L提取2～3次。

3#、8#荔枝核提取物:500g荔枝核,粉碎后用水和丙酮二者的质量比为1∶2的混合溶剂2.5L提取2～3次。

4#、5#、9#、10#荔枝核提取物:500g荔枝核,粉碎后用水和丙酮二者的质量比为1∶3的混合溶剂3L提取2～3次。

【注意事项】　沐浴乳还可以添加益母草提取物、丹参提取物、当归提取物、川芎提取物、小麦提取物、何首乌提取物、人参提取物、珍珠、珍珠超细粉、白术提取物、枸杞提取物、防风提取物、白芷提取物、黄芪提取物、山药提取物、菟丝子提取物、地黄提取物、紫花苜蓿提取物、海藻提取物、芦荟提取物、紫草提取物、杏桃提取物、山金车提取物、月桂提取物、佛手提取物、桦木芽提取物、牛蒡提取物、金盏花提取物、山茶提取物、洋甘菊提取物、绿藻提取物、甘草提取物、常春藤提取物、小米草提取物、月见草油、茴香提取物、姜提取物、银杏提取物和黄龙胆根提取物中的一种或多种。

【产品应用】 本品用于洗浴。

【产品特性】 本品发挥杀灭真菌和去除螨虫作用是荔枝核提取物中各种成分综合发挥作用，而不是一种或某一类化合物发挥作用，因此荔枝核提取物作为一种化妆品的原料，具有其他沐浴乳不可比拟的作用，尤其是在去除头皮屑和螨虫方面具有显著的改善作用。此外，荔枝核提取物还具有良好的兼容性，与其他植物或植物提取物也可以配伍制成沐浴乳，也具有去除头皮屑和去除螨虫作用的功效，其中荔枝核提取物的作用不可或缺。

实例4　沐浴散

【原料配比】

原　　料	配比(质量份)
防风	8
细辛	5
威灵仙	10
藿香	5
羌活	10
干荷叶	10
荆芥	5
当归	5
甘松	10
皂角	10

续表

原　　料	配比(质量份)
蒿苯	5
川芎	5
甘草	5
水红花	5
茉莉花	5
香草	7
桂心	5
丹桂花	5

【制备方法】　将上药研末用布包裹,每包 50 ~ 200g,煎汤沐浴即可。

【产品应用】　本品用于沐浴。

【产品特性】　本品用于沐浴可清除身体各种难闻的气味,而且可以活血化瘀预防感冒及其他多种疾病,长期沐浴可使肌肤变得芳香润泽,柔嫩纤细。

实例5　沐浴液

【原料配比】

原　　料	配比(质量份)		
	1#	2#	3#
羧甲基壳聚糖	1.0	3.0	5.0
沙棘油	15	5.0	10
芦荟叶浓缩汁	5.0	10	12
芦荟凝胶	10	8.0	10
皂基	4.0	4.0	4.0

续表

原　料	配比(质量份)		
	1#	2#	3#
十二烷基磺酸钠	8.0	10	6.0
脂肪醇醚硫酸钠	6.0	5.0	6.0
脂肪醇聚氧乙烯醚硫酸钠	2.0	3.0	2.0
椰子油酸单乙醇酰胺	3.0	2.0	2.0
椰子油酸二乙醇酰胺	1.5	2.0	1.5
椰油酰胺基丙基甜菜碱	4.5	5.0	6.5
聚氧二醇双硬脂酸酯	2.0	2.0	2.0
柠檬酸	0.3	0.5	0.4
月桂氮酮	0.2	0.5	0.2
氯化钠	1.0	1.5	0.5
香精	0.4	0.5	0.4
去离子水	36.1	38	31.5

【制备方法】 在混合釜中按比例将主表面活性剂加入去离子水中，搅拌就加热至75～80℃，溶解完全，再加入辅表面活性剂和珠光剂，恒温搅拌乳化40～90min，乳化充分后停止加热，继续搅拌冷却到40～70℃，加入壳聚糖、沙棘提取物和渗透促进剂，再用NaCl和柠檬酸调节黏度和pH，搅拌均匀后取样测试，要求pH在6.5～7.5，黏度为6000～7000mPa·s，继续搅拌冷却到30～60℃时加入香精，搅拌均匀，存放外观稳定后，取样检测合格后即可。

【注意事项】 本品的表面活性剂选用皂基、十二烷基磺酸钠、脂肪醇醚硫酸钠和脂肪醇聚氧乙烯醚硫酸钠中的一种或几种为主表面活性剂，以椰子油酸单乙醇酰胺、椰子油酸二乙醇酰胺和椰油酰胺基丙基甜菜碱中的一种或几种为辅表面活性剂；所述沐浴液组合物以聚氧二醇双硬脂酸酯为珠光剂，pH调节剂为柠檬酸，渗透促进剂为月桂氮酮。

【产品应用】 本品用于人体沐浴。

【产品特性】 本品制造所需设备少，工艺简单，产品性能温和，泡沫丰富，用后皮肤清爽，无干涩感，并具有杀菌、止痒、消炎抗过敏作用，长期使用具有促进新陈代谢，增强身体活力的功效。

实例6　去角质沐浴盐

【原料配比】

原　　料	配比（质量份）				
	1#	2#	3#	4#	5#
矿物盐	30	10	50	20	40
APG	4	—	—	—	—
AES	—	10	—	—	—
ALES	—	—	1	—	—
K12	—	—	—	5	—
K12－A	—	—	—	—	1
乙醇	1	3	0	2	0
香精	1	5	0.1	1	0.1
去离子水	64	72	48.9	72	58.9

【制备方法】

（1）矿物盐粉的制备：将湖盐卤水或海水或井矿盐卤水净化处理，通过加热获得固态矿物盐。通过普通研磨法研磨至粒度小于6mm，即得矿物盐粉。

（2）将超细矿物盐粉在100～120℃下灭菌15～30min。

（3）按质量分数计，将矿物盐10%～50%加入装有去离子水的搅拌机中，充分搅拌均匀，再加入乙醇0～3%，香精搅拌均匀，最后加入表面活性剂1%～10%，搅拌20～30min，即成去角质沐浴盐。

【注意事项】　本品中表面活性剂可优选：烷基糖苷（APG）、乙氧基化烷基硫酸钠（AES）、乙氧基化烷基硫酸铵（ALES）、十二烷基硫酸钠（K12）、十二烷基硫酸铵（K12－A）、月桂酰胺丙基甜菜碱（CAB－35）、月桂酰胺丙基氧化胺（CAO－30）、椰子油二乙醇酰胺（6501）、椰子酰胺二乙醇胺（CMEA）等。

【产品应用】　本品用于去除角质，改善肤质。

【产品特性】　本品采用的主要原料是矿物盐，不仅具有取材容易，加工简单，配制方便等特点，而且通过近年来的研究发现，矿物盐中含有的矿物元素和微量元素能够有效去除老化角质及毛孔深处污垢，令新生幼稚的细胞组织呈现于表皮，使黑黄肌肤迅速恢复亮白鲜嫩，同时确保护肤品中的营养成分能被皮肤有效吸收、畅通无阻。同时矿物盐对表皮肌肤还会产生温热作用，不仅有利于软化、揉去皮肤表面的老废角质，还能打开毛孔，更深层地清除老废角质和油垢。

实例7　天然沐浴露

【原料配比】

原　　料	配比（质量份）			
	1#	2#	3#	4#
脂肪醇聚氧乙烯醚盐	2.3	—	8.3	—
脂肪醇聚丁烯醚盐	—	6.3	—	3.3
烷基醇酰胺盐	1.8	—	—	2.3
脂肪醇酰胺盐	—	3.6	6.1	—
百合素（含32%百合多糖）乙酸盐	1.2	—	—	—
百合素（含53%百合多糖）羧酸盐	—	2.3	—	—
百合素（含60%百合多糖）磺酸盐	—	—	9	—
百合素（含86%百合多糖）乙酰胺盐	—	—	—	10

续表

原料	配比(质量份)			
	1#	2#	3#	4#
百合素(含32%百合多糖、8%糖蛋白和0.002%水溶性硒糖络合物)	0.08	—	—	—
百合素(含53%百合多糖、10%糖蛋白和0.01%水溶性硒糖络合物)	—	3.6	—	—
百合素(含60%百合多糖、16%糖蛋白和0.01%硒元素)	—	—	5	—
百合素(含86%百合多糖、13%糖蛋白和0.01%水溶性硒糖络合物)	—	—	—	5
聚烯烃类硬脂酸酯	1.5	—	6.3	—
聚氧乙烯类硬脂酸酯	—	3.5	—	3.3
防滑剂	1.2	5	6.8	2.8
防腐剂	0.51	0.8	0.9	0.6
香精	0.6	2.3	3.5	1.2
珠光浆	1.3	1.5	2.3	1.0
色素	0.002	0.5	1.0	0.002
去离子水	加至100	加至100	加至100	加至100

【制备方法】 于容器中在搅拌下依次加入离子型表面活性剂、非离子型表面活性剂、百合素改性产物和百合素,逐渐升温至60℃,搅拌,溶解混匀。然后于恒温下加入增稠调理剂、防滑剂、防腐剂、香精、珠光浆、色素等,用去离子水调至100%,搅拌溶解混匀后冷却至室温,分装于300mL的非玻璃容器内,密封后贴签装箱。

【注意事项】 本品中百合素为百合球鳞茎提取物，其主要成分为百合多糖（总糖含量为30%～90%），同时含有3%～30%的糖蛋白及0.0001%～0.1%的微量硒元素及其水溶性硒糖络合物；百合素改性产物为百合素的磺酸化、羧酸化、氨基化改性产物，即百合多糖磺酸及其盐类、乙酸百合多糖及其盐类和百合多糖乙酰胺。

用于复配的离子型表面活性剂为脂肪醇聚氧烯烃醚盐类、脂肪醇聚烯烃醚盐类，即脂肪醇聚氧乙烯烃醚盐、脂肪醇聚丁烯醚盐；用于复配的非离子型表面活性剂为烷基醇酰胺盐、脂肪醇酰胺盐；使用的增稠调理剂为聚氧乙烯类硬脂酸酯、聚烯烃类硬脂酸酯。

【产品应用】 本品用于洗浴。

【产品特性】 本品以天然温和、可降解的百合提取物百合素及其改性产物作为表面活性剂的组成成分，与其他离子型和非离子型的表面活性剂进行复配，以此降低常用非降解化学表面活性剂的用量，减少洗涤废水污染，并赋予沐浴露以柔嫩肌肤、防燥止痒等功效。本品是一种成本较低，洗涤效果良好的天然功能性沐浴产品。

实例8　天然香浴液

【原料配比】

洁身型

原　　料	配比（质量份）				
	1#	2#	3#	4#	5#
苦参	16.8	16.3	15.8	15.2	16.0
蛇虫子	16.8	16.3	16.1	15.2	16.0
苍术	11.3	10.8	10.1	10.1	10.8
甘松	5.9	5.4	4.4	4.9	5.4
甘草	15.9	15.7	16.2	16.8	16.0
地映子	10.4	10.6	11.1	11.0	10.7
川柏	10.4	10.6	11.1	11.0	10.7

续表

原　　料	配比(质量份)				
	1#	2#	3#	4#	5#
防风	7.2	7.7	8.2	8.8	8.0
明矾	2.9	3.3	3.5	3.5	3.2
花椒	2.9	3.3	3.5	3.5	3.2

【原料配比】

美容型

原　　料	配比(质量份)				
	6#	7#	8#	9#	10#
白芷	13.3	12.7	13.8	13.1	13.5
丁香	4.5	4.1	4.9	4.6	4.5
皂角	4.5	4.1	4.9	4.6	4.5
甘松	13.3	13.0	13.7	13.1	13.5
苍术	4.5	4.1	4.9	4.6	4.4
薄荷	8.9	8.4	9.4	8.9	8.9
花粉	13.3	14.0	12.6	13.5	13.1
芥穗	6.7	7.0	6.4	6.5	6.9
木香	4.4	4.6	4.2	4.2	4.5
生芪	13.3	14.0	12.6	13.4	13.1
当归	13.3	14.0	12.6	13.5	13.1

【制备方法】

(1)按上述组成配方称取各种原料分别粉碎至30~60目,混合加入多功能提取器中。

(2)在负压状态下控制蒸馏温度为70~90℃,蒸馏时间0.5~2h,

进行蒸汽蒸馏。

(3)蒸馏出的易挥发的芳香物经过冷凝器后,进入油水分离器进行分离,得到油性芳香物。

(4)蒸汽蒸馏后,在多功能提取器中加入水进行回流提取,所加的水与原料之比为8∶1(质量比),控制回流温度80~95℃,回流时间为1~2h。

(5)回流提取后经过滤器过滤,滤液进入减压浓缩器中浓缩至相对密度为1.10~1.30,得到半成品。

(6)把0.3%~0.4%(质量分数)的芳香物加入半成品中,即得成品。

【产品应用】 本品用于人体洗浴,可做经络穴位按摩或擦身可达到美容健身治疗疾病的目的。

【产品特性】 本品工艺简单、天然原料无任何副作用、不浪费原料,可把有效成分全部提取利用,香味挥发时间持久,芳香味可做经络穴位按摩或擦身,可达到美容健身治疗疾病的目的。

实例9　天然植物瘦身浴液

【原料配比】

原　　料	配比(质量份)		
	1#	2#	3#
玫瑰花	20	20	40
茉莉花	15	15	30
代代花	15	15	15
荷叶	30	60	30
茵陈	30	40	30
大腹皮	40	40	40
冰片	6	6	6
水	适量	适量	适量

【制备方法】　将原料进行加工、粉碎，除冰片后加外，按质量比混合，用冷水浸泡0.5h，将其捞出，装入纱布袋中，投入中药提取机桶内，放入800～1000mL水，温度110℃，加温20min，提取浓缩液500mL。

【产品应用】　本品对减肥有明显的疗效。

【产品特性】　本品由纯天然花草组成，其提取物中含有大量挥发油质的芳香醇，气味芳香清爽，其中大部分物质具有舒肝利胆、理气活血、健脾开胃药用有效成分，能提高机体新陈代谢的能力，尤其是促进人体对脂肪的代谢，对减肥治疗具有明显的作用。本品选用的材料廉价，气味怡人，更适用于洗浴中进行的治疗方式。

实例10　天然植物散风活络浴液

【原料配比】

原　料	配比（质量份）		
	1#	2#	3#
川芎	15	20	10
元胡	15	10	10
独活	15	10	20
羌活	15	10	20
当归	20	25	15
寻骨风	15	10	20
丝瓜络	15	10	10
海风藤	10	5	5
水	适量	适量	适量

【制备方法】　将原料分别整理、加工、粉碎、按质量比混合，用冷水浸泡0.5h，将所浸植物捞出装入纱布袋中，投入中药提取肌桶内，放入800份水，加温20min，提取药物的有效成分，每剂浓缩液为500份。

【产品应用】　本品适用于通过对人体的浸、冲、渗、熏，适于风湿痹症的治疗。

【产品特性】 本品结构合理，重点突出，标本兼治，并且改口服为洗浴的治疗方式，避免了口服药物带来的副作用，增强了药效的充分发挥，而使本品具有积极的效果。

实例 11　鲜花泡沫沐浴剂

【原料配比】

原　　料	配比(质量份)
玫瑰花	3～4
金银花	2～3
金百合花	2～3
九里香叶	3～4
1∶1 型椰子油脂肪酸单乙醇酰胺	0.6～0.8
羧甲基纤维素钠	0.05～0.07
玫瑰香精	0.03～0.04

【制备方法】 将种花场批发及零售花店的二手玫瑰花、金银花、金百合花、九里香叶回收回来。放在通风阴凉处，去除褐变的花瓣和花朵，去除花叶和花茎，用清水轻轻洗净沥干水，用冷冻干燥机干燥，干燥时间与温度视物料的结构、含水量及堆放的厚度而定。干燥好后的鲜花与生鲜的色泽、形态、香味变化不大。将九里香叶子去除硬枝，剪碎 3～6 片叶子为一小枝，用清水轻轻洗净沥干水，用冷冻干燥机干燥，得到翠绿油亮的干叶子。将 1∶1 型椰子油脂肪酸单乙醇酰胺倒入一个清洁干燥的大容器内，加入羧甲基纤维素钠，加入玫瑰香精充分混合搅拌均匀，即成为泡沫浴粉。将泡沫浴粉称量每份 8～20g，装入防潮铝箔袋内，封密袋口即成为 A。将干鲜花 40～80g，干九里香叶子 15～25g 同时装入一防潮铝箔袋内封密袋口即成为 B。用一稍大的标有本产品使用说明的防潮铝箔袋，把 A、B 产品同时装入袋内，封密袋口即成。

【产品应用】　本品用于沐浴保健护肤。

【产品特性】

(1)本品采用多种有治疗性及保养性的鲜花为保健护肤品、玫瑰花有益肝行气、和血调经、收缩毛孔的作用。金银花清热解毒、治疗炎症感冒等。九里香叶能行气止痛、活血散瘀、止疮痒、祛风湿。

(2)本品采用的1∶1型椰子油脂肪酸单乙醇酰胺是由天然椰子油制成,对人体温和无刺激,无任何毒害,且去污力强,泡沫丰富稳定。羧甲基纤维素钠是食用性增稠剂,对人体有营养润滑作用,且有助于去污和泡沫稳定的作用。

(3)本品无化学防腐剂,美丽的鲜花飘浮在雪白的泡沫上,让入浴者的肌体与身心轻松愉快,消除疲劳,乐以常泡的美妙享受。

(4)本品可利用二手鲜花作原料,减少损耗,增加收益。采用冻干技术干燥,产品优良,保质期效延长。本品的产品轻巧美观,使用方便,生产工艺容易,价格便宜。

实例12　养生润肤药浴液

【原料配比】

原　料	配比(质量份)		
	1#	2#	3#
枫香脂	2	1	2
没药	2	2	1
黄芪	2	3	2
泽兰	2	2	3
乳香	2	2	3
木瓜	2	3	2
白芨	2	1	1
地肤子	2	3	1
松脂	2	2	3

续表

原　　料	配比(质量份)		
	1#	2#	3#
独活	2	2	1
薄荷	2	1	2
伸筋草	2	3	1
秦艽	2	3	1
仙茅	2	2	3
菟丝子	2	1	3
革解	2	2	3
荷叶	2	2	1
玫瑰花	2	3	1
甘松	2	1	1
远志	2	2	3
佩兰	2	1	3
百合	2	3	1
龙眼	2	2	1
茯神	2	3	1
骨胶脂	22	25	22
乳脂	22	25	20
甘油	22	25	20

【制备方法】　将上述中草药分别用水提取,浓缩,得到的干浸膏混合后,与辅料混合均匀即可。

【产品应用】　本品用于洗浴。

【产品特性】　本品具有解表理气、活血化瘀、消除疲劳、润肤生肌;清心安神、祛湿化燥、醒脾开郁、消除臭源、香润身体;滋补阴阳、祛风湿、散寒气、舒筋活血、缓解颈椎、脊椎疼痛及四肢麻木、关节不利的主要功效。本品无任何副作用。

实例13 益肤洗浴液

【原料配比】

洗浴液

原料	配比(质量份)					
	1#	2#	3#	4#	5#	6#
脂肪醇聚氧乙烯醚	1	0.5	2	0.8	1	1.5
1,3-丁二醇	4	3	5	4	5	4.5
α-羟基辛酸	0.1	0.05	0.2	0.1	0.15	0.08
可可粉溶液	40.5	30	45	35	40	38
尼泊金甲酯乙醇溶液	0.3	0	0.5	0.1	0.2	0.3
牛奶香精	0.1	—	—	—	—	—
香料	—	0	0.5	0.3	0.4	0.1
天然植物提取液	50	66.45	46.8	59.7	53.25	55.52

【原料配比】

天然植物提取物

原料	配比(质量份)					
	1#	2#	3#	4#	5#	6#
白芷	30	25	35	30	28	33
白芨	30	32	27	25	35	30
白薇	30	25	35	28	30	33
白僵蚕	30	25	35	28	30	33
白术	30	28	30	33	25	35
白附子	30	25	35	28	30	33

续表

原　料	配比(质量份)					
	1#	2#	3#	4#	5#	6#
天花粉	30	33	25	35	28	30
甘松	5	3	8	6	5	4
山柰	10	8	12	10	11	9
茅香	15	15	10	18	20	13
零陵香	6	5	8	7	6	10
防风	12	12	10	15	13	11
藁本	6	5	6	7	5	8
皂荚	3	5	2	4	1	3
川芎	45	50	45	40	42	48
乙醇	1600	1800	1200	1500	1500	2000

【制备方法】

(1)天然植物提取液的制备:将天然植物原料按配方备齐,置于容器内,加入乙醇500~1000份密闭,初浸萃取25~35天,过滤。滤渣再加入乙醇500~1000份,复浸萃取20~30天,过滤。将两次萃取液合并备用;将乙醇萃取后的天然植物原料加入纯水进行沸煎提取。初煎加水800~1200份,煎沸25~35min过滤。然后加水1000~1500份,煎沸12~18min过滤。两次水煎液合并,备用;将乙醇萃取液与水煎提取液合并搅匀,即可。

(2)洗浴液的制备:将天然植物提取液加热至50~60℃;然后将脂肪醇聚氧乙烯醚、1,3-丁二醇、α-羟基辛酸依次加入提取液中,搅拌均匀,使之完全溶解后搅拌均匀后加入可可粉溶液、尼泊金甲酯乙醇溶液、香料。经匀质机匀质,即得成品。

【注意事项】 尼泊金甲酯乙醇溶液为:尼泊金甲酯与乙醇按照1:(1~3)的质量比配制而成的溶液。所述可可粉溶液为1份可可粉加入3～6份水或牛奶，煮沸20min后过滤，备用。所述香料为现有技术中的香料，如牛奶香精、茉莉香精、玫瑰香油、柠檬香精等。

【产品应用】 本品用于益肤洗浴液。

【产品特性】 本品具有活血、祛风的功效，其原料也具有保湿、增白、护肤、润肤的功效，使本品具备了通络香肌、抗衰美容、祛风润肤、增白保湿的功效。

实例14　柚子清爽浴液

【原料配比】

原　　料	配比（质量份）
柚皮浆	75
蔗糖脂肪酸酯	2.5
甜菜碱	8
脂肪醇聚醚硫酸钠	1
椰子油酸二乙醇酰胺	3.5
甘油	2
珍珠营养液	6.5
苯甲酸钠	0.2
柠檬酸	0.5
聚乙二醇酯	少许
香料	0.65

【制备方法】 本品采用间歇法生产工艺。取新鲜柚子皮也可直接用柚子，洗净，切块，加水蒸煮，分离，研磨，过滤去渣，得柚子皮浆，浓度一般控制为内含65%精制水。珍珠水溶液将其配制成浓度为内含86%精制水；将配制、称量好的柚皮浆、蔗糖脂肪酸酯、甜菜碱、脂肪醇聚醚硫酸钠按比例投入混合釜，搅拌加热至70～75℃，加入椰子油酸二乙醇酰胺，继续加热搅拌至80～85℃，恒温乳化30～80min，乳化

充分后停止加热,继续搅拌,然后依次加入保湿润肤剂、珍珠水解营养液、防腐剂、温度降至60~65℃时,加入增稠剂、酸性调理剂,搅拌均匀后取样测试pH及黏度,pH为6,并加入精制水,控制含水量为总质量的60%~85%,观察正常后,待冷却至45℃左右,加入香料,搅拌均匀,过滤,存放一定时间再取样检验,合格即可包装。保湿剂一般选用甘油或山梨醇,防腐剂一般选用苯甲酸钠,增稠剂选用聚乙二醇酯,酸性调理剂选用柠檬酸。

【产品应用】 本品用于洗浴。

【产品特性】 本品能杀菌、消炎、消痒、健肤、活血,有促进人体细胞增加活力的作用,浴液含植物微粒,清香爽身,无滑腻感,所含珍珠营养液又能营养防皱、细白肌肤;且无化学色素,自然本色,无污染,无副作用,泡沫柔顺舒展,护肤洁体恰到好处。

实例15 中草药茶汤足浴液

【原料配比】

原料	配比(质量份)		
	1#	2#	3#
茶叶、茶梗	300	400	500
大盐	20	25	30
干姜粉	20	25	30
蛇床子	15	20	20
熟地黄	15	20	20
野菊花	15	20	20
五加皮	15	20	20
甘草	20	25	20
苦参	25	25	25
防风	20	20	20

续表

原　　料	配比(质量份)		
	1#	2#	3#
百部	20	20	20
当归	15	15	20
薄荷	20	20	20
茵陈蒿	30	40	45
水	适量	适量	适量

【制备方法】　按质量配比精选各种原料,再按需要切成片、节或磨成粉状,按照1∶10的质量配比加水,用小火煎汤50~80min,制成中草药原液。将所制得的中草药原液(温度保持80℃以上)冲泡茶叶、茶梗,中草药原液冲泡茶叶、茶梗即得成品。

【产品应用】　本品用于对脚气、脚痒、脚癣、烂脚等真菌感染的治疗用茶汤足浴液。

【产品特性】　本品由天然中草药组成,不含任何化学合成成分,对人体无毒副作用,具有杀菌止痒,清热解毒、活血通络、去湿温足之功效,并且对手和身体其他部位皮肤瘙痒、生疮等具有一定的治疗作用。

实例16　中药复合洗浴液

【原料配比】

原　　料	配比(质量份)		
	1#	2#	3#
烷基聚氧乙烯醚硫酸酯钠盐	1.5	1.5	1.5
椰子油烷基乙二酰胺	3.5	3.5	3.5
十二烷基甜菜碱	3.5	3.5	3.5
防滑剂	3	3	3

续表

原 料	配比(质量份)		
	1#	2#	3#
乙二胺四乙酸二钠	0.2	0.2	0.2
聚乙二醇硬脂酸酯	3.5	3.5	3.5
乙二醇双硬脂酸酯	0.35	0.35	0.35
氯化钠	0.3	0.3	0.3
香精	2	2	2
凯松	0.5	0.5	0.5
甘油	3	3	3
着色剂	0.3	0.3	0.3
桑枝	0.3	0.35	0.4
蜂房	0.1	0.15	0.2
蝉蜕	0.1	0.15	0.2
刺风头	0.3	0.35	0.4
千里光	0.3	0.35	0.4
蛇不过	0.3	0.35	0.4
白鲜皮	0	1.5	3
薄荷	0.2	0.25	0.3
冰片	0.1	0.15	0.2
白酒	1.5	1.5	1.5
蒜条	0.2	0.25	0.3
野菊花	0.3	0.35	0.4
青蒿	0.3	0.35	0.4
艾叶	0.2	0.25	0.3

续表

原　　料	配比(质量份)		
	1#	2#	3#
金银花	0.3	0.35	0.4
苦参	0.2	0.25	0.3
甜菜叶	0.1	0.15	0.2
山苍子油	0.2	0.25	0.3
土番瓜	0.1	0.15	0.2
消炎菇	0.05	0.075	0.1
爱儿根	0.05	0.075	0.1
割毒根	0.05	0.075	0.1
凉精草	0.05	0.075	0.1
可明暑	0.2	0.25	0.3
三七	0.025	0.025	0.025
人参	0.025	0.025	0.025
益母草	0.3	0.35	0.4
水	适量	适量	适量

【制备方法】

(1)常规洗浴液的配制:即按照配比中各化学乳化、分散等物的份量,加入80份的纯净水中,并使各组分充分溶解于纯净水中。

(2)中药材复合添加剂的配制:在进行这一程序时,先用白酒分别溶解冰片,而后又用松针,茶油和黑芝麻油对蜂房和土番瓜进行解毒处理,而后将组分复合添加剂的多种中药材:桑枝、蜂房、蝉蜕、刺风头、千里光、蛇不过、白鲜皮、薄荷、蒜条、野菊花、青蒿、艾叶、金银花、苦参、甜菜叶、山苍子油、土番瓜、消炎菇、爱儿根、割毒根、凉精草、可明暑、三七、人参、益母草按比例放入20份的水中进行煎熬,待煎熬到一定程度以后提取药液并将其过滤,随之添加白酒和冰片的溶解汁液，得到符合要求的添加剂。

(3)将调制完毕的添加剂加入第一步调制成的常规洗浴液中，即得成品。

【注意事项】 本品所用的常规洗浴乳化物包括：烷基聚氧乙烯醚硫酸酯钠盐、椰子油烷基乙二酰胺、十二烷基甜菜碱、乙二胺四乙酸二钠、聚乙二醇硬脂酸酯、香精、凯松、色素、甘油、氯化钠等。

【产品应用】 本品用于洗浴。

【产品特性】 本品不仅具有去污润肤功能，而且还能防治一些皮肤常见的炎症。

实例 17　安全型多功能重垢洗浴液

【原料配比】

原　　料	配比(质量份)	
	1#	2#
AES(70%)	15.0	17.0
脂肪醇聚氧乙烯醚	2.0	2.0
咪唑啉表面活性剂	2.0	—
氯化钠	3.0	4.0
尿素	3.0	3.0
柠檬酸	0.1	0.1
去离子水	74.9	73.9
防腐剂	适量	适量
色素	适量	适量
香料	适量	适量

【制备方法】 在常温条件下，先把除表面活性剂以外的组分加入水中，开动搅拌使其溶解，然后加入 AES、脂肪醇聚氧乙烯醚和咪唑啉表面活性剂，搅拌成均匀的混合物，放置脱气后罐装，即得成品。

【产品应用】 本品是一种安全型多功能重垢洗浴液。

【产品特性】　本品由于不含磷,对环境无污染,由于无碱无烷基苯磺酸钠对皮肤安全,由于有皮肤调理剂可以起一定程度的护肤作用,本品去污性能优异,一瓶多用。此外,在制造时无须加热,因而设备投资少,操作简单,节省能源,同时由于常温制备最大限度地保存了表面活性剂的洗洁能力。

实例18　保健干熏浴盐

【原料配比】

原　　料	配比(质量份)
艾叶	5～15
百叶	5～15
蒜末	2～5
藏红花	5～10
麝香	3～5
丁香	3～7
牛奶	5～15
牛奶	适量
蒸馏水	适量

【制备方法】　先将艾叶、百叶、蒜末、藏红花、麝香、丁香磨成细粉,加入牛奶和蒸馏水于容器中搅拌均匀并加盖保鲜膜密封,微波加热5～10min,当水量达到3%～5%时,停止加热并将其冷却至室温,即得成品。

【产品应用】　本品是一种保健干熏浴盐。

【使用方法】　将制备出的干熏浴盐均匀涂于身体上,然后进入蒸汽浴室蒸10～15min即可。

【产品特性】　本品利用可以软化皮肤盐和具有排毒养颜功能的中药为基本材料制备干熏浴盐,该浴盐具有可以有效清洁皮肤的作用,并且还可以达到减肥塑身、提高人体免疫力的保健效果,能有效防止浴盐中的盐颗粒对于皮肤的摩擦,减少由此产生的敏感或受损皮肤的不适现象,而且制备方法简单易行。

实例 19　北虫草浴液

【原料配比】

原　料	配比(质量份)
北虫草子实体或菌丝体	100 ~ 500
羊肚菌子实体或菌丝体	0 ~ 250
灰树花子实体或菌丝体	0 ~ 250
有机硒	0.5 ~ 20
碘盐	1 ~ 5
植物香精	0 ~ 1
乙醇	1 ~ 15
处理水	1 ~ 5

【制备方法】

(1)取北虫草、羊肚菌、灰树花鲜品或干品(鲜品、干品按比例折算)称重,粉碎或打浆,加入 10 ~ 20 倍处理水浸泡,煮沸 2h,放出滤液,再加水煮沸 2h,共煮四次。将煎液浓缩至相当于原料总质量的 1 ~ 5 倍,过滤备用。

(2)也可用乙醇浸提法,能更好地提取有效成分,先将以上原料分别称重,粉碎或打浆(鲜品要按比例折算)加入 5 ~ 10 倍质量的 95% 乙醇,浸泡 24h 后,减压浓缩回收乙醇,三次浸提,合并浓缩液备用。

(3)将原料浓缩液按比例用蒸馏或处理水稀释,按比例合并,过滤,加入有机硒、碘盐、乙醇、香精等,pH 自然,杀菌,灌装即得成品。

【产品应用】　本品是一种北虫草浴液。

【产品特性】　本品浴疗功能显著。本品可迅速恢复体力,提神醒脑、解除疲劳。双向调整身体机能，调气血通经络、即“补”又“清”。该浴液工艺简便，原料来源广，香气宜人，不含化学药品成分，长期浴疗无副作用。

实例20　浴盐(1)

【原料配比】

原　　料	配比(质量份)
碳酸氢钠	61
硫酸钠	15
氯化钠	7.5
无水柠檬酸	15
维生素E	0.2
维生素C	1
香精	0.3

【制备方法】

(1)将碳酸氢钠、硫酸钠、氯化钠进行干燥，使其含水量在0.5%以下。

(2)将碳酸氢钠50～70份，硫酸钠12～18份，氯化钠7～8份，无水柠檬酸12～18份，维生素E0.1～0.3份，维生素C0.5～1.5份，香精0.25～0.4份。按质量比称取原料进行混合，连续搅拌混合均匀后着色。

(3)放入冲模中压制成固态形状。

(4)放置在干燥环境中存放3h后，用收缩膜密封包装，即得成品。

【产品应用】　本品是一种固体浴盐。

【产品特性】　本品以碳酸氢钠、硫酸钠、氯化钠、无水柠檬酸、维生素E、维生素C、香精混合均匀，压制成各种固态形状，使用时放入水中，立即迅速溶解，溶化产生大量二氧化碳气体溶于水中，促进钠离子、碳酸氢钠离子、硫酸根离子、维生素E、维生素C及香精迅速分散于水中,形成许多营养成分和化学元素,对人体有促进血液循环,保护皮肤和美白健肤的功效。在沐浴、沐足时使用能促进血液循环,有各种不同的香味,方便携带,该产品放入水中,使水可作为人工的温泉剂,具有天然温泉泡浴的功效。

实例21　浴盐(2)

【原料配比】

原　　料	配比(质量份)		
	1#	2#	3#
盐	60	95	80
表面活性剂	60	10	6
过硼酸钠	1	10	5
硫酸钠	2	8	5
松油	2	4	3
香兰素	1	3	2
可可粉	1	3	2
蜂蜜	5	10	7
芦荟粉	5	8	6
牛奶	10	20	15

【制备方法】　将各组分混合均匀即可。

【产品应用】　本品是一种浴盐。

【产品特性】　本品含有人体所需要的维生素、矿物质、乳脂肪等成分,具有天然的保湿效果,而且容易被皮肤所吸收,能有效地防止肌肤干燥,并可修补干纹,美容效果极佳。由于浸泡牛奶浴可使身心得到放松,加之牛奶香味能安定神经,从而发挥促进睡眠之功效,常浸泡牛奶浴对于改善多汗症也具有良好的功效,另外牛奶里含有的自酵素成分能消炎、消肿，长期使用可使肌肤更美白细腻、光滑、有弹性。盐的主要作用是清洁肌肤、杀菌、消炎、止痒等。

实例22　火山灰浴盐

【原料配比】

原　　料	配比（质量份）		
	1#	2#	3#
赤藓红	27	27	27
诱惑红	22	22	22
食用乙醇	40	40	40
去离子水	320	320	320
亚铁氰化钾	0.7	0.7	0.7
氯化钠	97.004	97.754	94.504
火山灰	1280	2280	3280
十二烷基硫酸钠	—	250	500
玫瑰精油	840	840	840
荷荷巴油	460	460	460

【制备方法】　先将赤鲜红、诱惑红、食用乙醇、去离子水、亚铁氰化钾制成着色溶液，待用；再取氯化钠放入烘干机中，再加入火山灰，搅拌均匀；然后，着色溶液一边搅拌一边均匀地加入烘干机中，当物料的颜色比较均匀后开始烘干，烘干温度在90～120℃，烘干后自然冷却；最后，当物料的余温为35～40℃时，先加入十二烷基硫酸钠搅拌均匀，继续一边搅拌一边加入玫瑰精油、荷荷巴油，搅匀，装入容器中雾化4～5h，包装，即得成品。

【产品应用】　本品是一种火山灰浴盐。

【产品特性】　本品在一般浴盐功效的基础上，各种添加成分能快速与肌肤接触，减少有效成分在水中的溶解损失，从而提高了有效成分的利用率；用于加入浴池或足浴时，有改善水质，沉淀悬浮物，去除水中异味，改变水的颜色，添加的不同辅料还有改善沐浴心情，强身健体等功效；本品生产为物理过程，没有改变物质的原有特性，节能环保，无废水废气残留物，生产成本低，工艺简单；火山灰浴盐沐浴时，将身体湿润，涂满全身轻揉按摩；火山灰具有超强的吸附能力，优异的深层清洁功效，能强效吸收油脂、污垢等，软化及去除老化角质，加快肌肤新陈代谢，自然美白，收紧肌肤，保持肌肤活力，有效消除电磁辐射对人体健康的威胁，净化肌肤，消除各种皮肤困扰，清洁毛孔，帮助皮肤排出各种老废物质，使皮肤恢复弹性，保持健康，还具有很好的保湿作用。

实例23　奶盐桑拿浴液

【原料配比】

原　料	配比(质量份)		
	1#	2#	3#
水	80	90	75
牛奶	20	30	25
盐类物质	10	15	12
天然薄荷	40	50	45
表面活性剂	8	10	9
单硬脂酸甘油酯	0.75	1.125	1
羧甲基纤维素钠	0.75	1.125	1
黄原胶	0.75	1.125	1
海藻酸钠	0.75	1.125	1

【制备方法】　常温下，经消毒后的环境中，将上述物质充分混合，溶解，搅拌15~20min，静置15~20h，即得成品。

【产品应用】　本品是一种奶盐桑拿浴液。

【产品特性】　本品由特殊方法制备而成,本品中的表面活性剂将盐包裹,使盐仍以固态形式存留在成品中,使得本品产品中的盐达到了不溶于水效果。本品中加入了表面活性剂,其大大增加了去污能力,本品能够达到清洁毛孔深层污渍,在不桑拿时可当浴液使用,其具有双重功效。经测试 pH 为中性对皮肤无害,本品通过大量实验证明,本品中加入了天然薄荷,使用本品后可以提神醒气、身心放松,解除疲劳,由于含有牛奶使用后可以使通体光滑细腻,长期使用会有美白皮肤的功效。本品的生产成本比较低,能够创造出比较高的经济效益,使用时不容易浪费,并且制作工艺简单。

实例 24　治疗脓包疮中药浴液

【原料配比】

原　　料	配比(质量份)		
	1#	2#	3#
金银花	3	5	1
野菊花	3	5	1
天花粉	3	5	1
防风	3	5	1
甘草	3	5	1
水	适量	适量	适量

【制备方法】　将上述五味中药按照比例混合后研末,按照中药组分质量与水的质量比将研末后的中药组分置于与人体舒适的温水中,搅拌均匀,将新生儿置于浴液中游泳 10 ~ 20min。

【产品应用】　本品是一种预防和治疗新生儿脓包疮的中药浴液。

【产品特性】　本品中的金银花对金黄色葡萄球菌、溶血性链球菌具有明显的抑制作用,并能促进淋巴细胞转化,增强白细胞的吞噬功能;野菊花对金黄色葡萄球菌、溶血性链球菌、白喉杆菌、绿脓杆菌、痢疾杆菌、流感病毒等均有抑制作用;天花粉则具有增强机体免疫和抗病毒的作用；防风则具有抗炎抗过敏的功效；对痢疾杆菌、溶血性链球菌有不同程度的抑制作用；甘草则具有调和诸药的功效。诸药联合，具有抗炎、抗过敏作用加强，能够优先预防和治疗脓包疮。

实例25　足浴液(1)

【原料配比】

原　　料	配比(质量份)
当归	20
附子	15
小茴香	15
吴茱萸	15
川椒	10
细辛	10
柴胡	15
香附	10
五灵脂	10
牛膝	15
延胡索	15
鸡血藤	15
水	适量

【制备方法】　将各组分加适量水煎煮，混合均匀即可。

【产品应用】　本品是一种治疗原发性痛经的足浴液。

【使用方法】　将中药煎煮后取汁1000mL，双足浸浴于盆内药中，以药液浸没足背为宜，每次15～20min，于月经前7天开始，每日1剂，连用10天。

【产品特性】　本品能促进皮肤、黏膜充血，扩张毛孔，药物通过扩张的毛孔渗透肌肤，加速血液、淋巴液的循环，促进新陈代谢，加快代谢产物的清除。

实例26　足浴液(2)

【原料配比】

原　　料	配比(质量份)	
	1#	2#
苦参	40	60
艾叶	20	30
苦楝皮	15	22.5
苍耳子	15	22.5
白矾	6.5	9.7
冰片	3.5	5.3
苯甲酸钠	3.5	5.3
硼砂	4.5	6.7

【制备方法】

(1)将苦参、艾叶、苍耳子、苦楝皮经过精选、洗涤。

(2)上述经过处理的原料放入罐中，第一次加水650份，浸泡2h，煎煮2h，过滤；第二次加水430份，煎煮1.5h，过滤、得到过滤液。

(3)在上述过滤液中加入配比的白矾沉淀，过滤后在滤液中加入冰片、苯甲酸钠、硼砂，混合搅拌均匀。

(4)将上述溶液进行装瓶或装袋，即得成品。

【产品应用】　本品是一种足浴液。

【产品特性】　本品清热燥湿、湿疹、湿疮、皮肤瘙痒；艾叶对皮肤瘙痒：苍耳子对风湿痹痛、风湿疹痒、疥癣；苦楝皮对除湿热、杀恶灭皮肤寄生虫及抑制致病真菌。白矾对杀虫、冰片具有清凉作用，苯甲酸钠对溶液有抑菌作用，硼砂用于溶液的pH值调节。

实例 27　中药泡浴液

【原料配比】

原　　料	配比(质量份)	
	1#	2#
大黄	8	15
牛膝	12	10
延胡索	12	10
没药	12	10
乳香	12	15
桑寄生	12	12
大血藤	12	15
川芎	12	15
防风	12	10
白药子	12	10
威灵仙	18	20
伸筋草	18	18
茜草	12	10
女贞子	20	20
白术	15	15
狗脊	18	15
土鳖	12	10
木通	20	15
栀子	15	18
白蔹	12	15
槟榔	18	15
姜黄	20	20
鸡血藤	18	20

续表

原　料	配比(质量份)	
	1#	2#
独活	12	12
何首乌	15	18
木香	12	15
五加皮	12	12
茯苓	18	15
淫羊藿	15	15
细辛	8	8
谷精草	18	15
舒筋草	20	20
黄芩	18	20
续断	18	15
虎杖	18	15
高良姜	12	10
千年健	18	20
络石藤	18	15
散血藤	12	15
防己	18	10
秦艽	12	12
苍术	12	12
骨碎补	20	18
羌活	12	15
红花	10	8
锁阳	10	12
水	适量	适量

【制备方法】 按质量配比计量称取中药药材放入容器内，按中药药材总质量的4～6倍加水浸泡5～10min后，加热至沸煎制25～35min；滤取药液即可。

【产品应用】 本品是一种中药泡浴液。

【使用方法】 取用按本品提出的制备方法煎制的中药泡浴液原液放入浴桶内，加入热水稀释后即可进行沐浴浸泡。适宜水温为40～50℃，浸泡时间为30～45min，每日一次。

【产品特性】 本品用于中药泡浴液的中药药材原料组成和配比符合中医“辨证施治、综合调理”的用药原则，具有煎制简便、使用安全卫生、无任何毒副作用的特点。本品所提出的中药泡浴液对人体肌肤作用敏感，人体对药物的吸收利用率高，对正常人群有显著的保健功效，用于辅助治疗疾病也有明显效果，具有适用人群广泛的特点。

第六章　发用洗涤剂

实例1　药物洗发香波

【原料配比】

原　　料	配比(质量份)		
	1#	2#	3#
脂肪醇聚醚硫酸钠	900	1100	1000
烷基醇酰胺	250	350	300
甜菜碱系两性洗涤剂 BS－12	300	400	350
尼泊金乙酯	3	5	4
丙二醇	150	250	200
乙酸乙酯	50	150	100
氯化钠	50	150	100
樟脑	350	450	400
水杨酸	200	300	250
曲安缩松	1	3	2
维甲酸	5	15	10
氮酮	150	250	200
柠檬酸	5	15	10
酸性绿色素	1	3	2
乙醇(95%)	450	550	500
去离子水	加至 10000	加至 10000	加至 10000

【制备方法】

(1)将脂肪醇聚醚硫酸钠、烷基醇酰胺、甜菜碱系两性洗涤剂

BS－12溶入去离子水中，用氯化钠调节稠度。

（2）分别将樟脑用乙醇、曲安缩松用乙酸乙酯、水杨酸用乙醇、维甲酸用氯仿溶解；

（3）将步骤（2）所得溶解后的物料加入步骤（1）所得物料中，加入尼泊金乙酯，再加入丙二醇、氮酮，用色素调色后，再用柠檬酸调节pH≤6，放置24h即得成品。

【注意事项】 樟脑具有止痒、改善微循环的功效；水杨酸具有杀菌、去屑的功效；曲安缩松具有消炎、抗过敏的功效；维甲酸具有去脂、杀菌、抑制皮脂分泌的功效；氮酮为透皮剂。

【产品应用】 本品对头部单纯糠疹、头部湿疹、脂溢性皮炎、头部银屑病、石棉状糠疹、白癣等疾病具有良好的预防与治疗效果。

【产品特性】 本品工艺简单，配方科学，各成分之间具有协同作用，使用效果显著，显效率可达90%，并且无毒副作用，安全可靠。

实例2　草珊瑚洗发香波

【原料配比】

原　　料	配比（质量份）
十二烷基醇硫酸钠（35%）	25
草珊瑚提取物	1
月桂基硫酸钠（40%）	15
氯化钠	2
月桂酸二乙醇酰胺	1.5
乙二醇酯	0.3
薄荷油	0.2
香料	适量
染料	适量
柠檬酸	适量
精制水	加至100

【制备方法】　将十二烷醇硫酸钠、月桂基硫酸钠、月桂酸二乙醇酰胺及草珊瑚提取物溶解于热水中，在不断搅拌下加热到70℃，然后加入氯化钠、乙二醇酯、继续搅拌溶解，待温度下降至35℃左右时，加入香料、染料、薄荷油，用柠檬酸调节 pH 至6.5～7，即可灌装、检验，即得成品。

【注意事项】　草珊瑚提取物可通过以下方法制得：将草珊瑚全草粗粉放入8倍量的浓度为80%～95%的乙醇中，回流提取2h，将乙醇提取物回收乙醇，得到草珊瑚浸膏，再对浸膏用乙酸乙酯回流萃取，然后回收乙酸乙酯得到总提取物。

洗涤剂，包括助洗剂可以是脂肪醇醚硫酸钠、脂肪醇硫酸钠、烷基醇酰胺、氧化叔胺、咪唑啉系洗涤剂和甜菜碱洗涤剂。

增稠剂可以是烷基醇酰胺、电解质盐、纤维衍生物、氧化叔胺。

遮光剂和珠光剂可以是高级脂肪醇酰胺、乙二醇单或双硬脂酸酯、高级脂肪醇。

【产品应用】　本品不仅具有漂洗头发的作用，而且具有活血去瘀、去屑止痒、杀菌消炎等功效，能够防止脱发及头发早白，促进头发生长。

【产品特性】　本品原料易得，配比科学，工艺简单，质量容易控制；使用方便，效果显著，无毒副作用及刺激性，安全可靠。

实例3　胆素洗发香波

【原料配比】

原　　料	配比(质量份)
水	75
脂肪醇聚氧乙烯醚硫酸盐	10
椰油酸二乙醇酰胺	3
树脂液	1
乙氧基化双烷基磷酸酯	1

续表

原　　料	配比(质量份)
猪胆汁	2
柠檬酸	0.2
香精	0.2
防腐剂	0.2

【制备方法】　在反应釜中加入水,开启搅拌并用蒸汽加热,然后加入脂肪醇聚氧乙烯醚硫酸盐、椰油酸二乙醇酰胺,升温至75℃时搅拌2.5h,待脂肪醇聚氧乙烯醚硫酸盐完全溶解后降温至65℃,再加入树脂液、乙氧基化双烷基磷酸酯、猪胆汁,恒温65℃下搅拌1h,然后降温至45℃后加入柠檬酸调节pH至7~7.5,加入香精、防腐剂,再搅拌0.5h,即得成品。

【注意事项】　原料中的脂肪醇聚氧乙烯醚硫酸盐及椰油酸二乙醇酰胺作洗涤成分;甜菜碱作辅调理剂;乙氧基化双烷基磷酸酯用作降低洗涤成分的刺激性;聚乙二醇合成双酯用作增稠剂;猪胆汁作调理护发和药理成分;树脂液用作降低洗涤成分的刺激性及增加黏度。

树脂液是一种香皮树的木材浸出液。树脂液的处理方法如下:将木材刨成很薄的刨木花,再用清水迅速漂洗干净,然后加入其质量15倍的水,浸泡0.5h,同时用手揉搓,以便树脂液全部搓出,取出木花,将取出木花的胶状液用滤布过滤,即得所需树脂液。

胆汁的处理方法:取新鲜猪苦胆汁(其他胆汁亦可),放入不锈钢或陶瓷、玻璃等容器中,加入等量的95%的食用酒精,许多黄色黏附状物不溶于酒精,会慢慢沉入底部,取上层酒精液于加热釜中加热,沸腾少许,使酒精液中的某些悬浮物凝固沉淀,然后趁热用滤布过滤,得到清澈的酒精液,使用前,再用蒸馏装置除掉酒精即可。除掉酒精的胆汁应当天使用,以防变质。

【产品应用】　本品主要用于洗发和护发,具有一定的定发作用及优良的梳理作用,经常使用胆汁的慢性药效还会使头发更加乌黑、光亮,并具有止痒、减少头皮屑和白发的作用。

【产品特性】 本品工艺简单,配方科学,选用性能温和的表面活性剂为主要洗涤成分,并附以具有辅助调理、降低洗涤成分刺激、增加黏度的化学物质,特别是添加了动物胆汁,因而使产品具有独特的洗涤护发效果,并且无毒副作用。

实例4　去屑洗发香波

【原料配比】

原　　料	配比(质量份)		
	1#	2#	3#
盐酸布替萘芬	1	5	10
瓜耳胶	0.2	0.2	0.2
脂肪醇聚醚硫酸钠(AES)	10	10	10
脂肪醇硫酸钠(K12)	7	7	7
聚氧乙烯山梨糖醇酐月桂酸单酯	1.5	1.5	1.5
珠光浆	3.5	3.5	3.5
柠檬酸	0.05	0.05	0.05
乙二胺四乙酸二钠	0.05	0.05	0.05
丙二醇	1.5	1.5	1.5
十八醇	1	1	1
乳化硅油	4	4	4
茶树油	0.8	0.8	0.8
橄榄油	0.2	0.2	0.2
凯松	0.05	0.05	0.05

续表

原　　料	配比(质量份)		
	1#	2#	3#
香精	0.01	0.01	0.01
色素	0.03	0.03	0.03
氯化钠	0.14	0.14	0.14
纯化水	加至100	加至100	加至100

【制备方法】

(1)将盐酸布替萘芬溶于丙二醇和/或其他助溶剂中得盐酸布替萘芬溶液。

(2)将纯化水加入搅拌锅中,边搅拌边加入瓜耳胶,充分分散均匀后加入脂肪醇聚醚硫酸钠、脂肪醇硫酸钠,蒸汽加热至80~85℃,搅拌使其完全溶解,恒温20min。

(3)将步骤(2)所得物料降温,使温度控制在70~73℃,依次加入聚氧乙烯山梨糖醇酐月桂酸单酯、十八醇、珠光浆、柠檬酸、乙二胺四乙酸二钠,充分搅拌均匀,恒温10min。

(4)将步骤(3)所得物料降温,温度控制在50~55℃,加入步骤(1)所得盐酸布替萘芬溶液,充分搅拌均匀。

(5)将步骤(4)所得物料降温,温度控制在40~45℃,加入乳化硅油、茶树油、橄榄油,充分搅拌均匀。

(6)将步骤(5)所得物料降温,温度控制在35℃以下,加入凯松、香精、色素、氯化钠,充分搅拌均匀。

(7)当温度达到32℃以下,经黏度检测合格后出料,封装。

【产品应用】　本品在清洁头发的同时,能去除由脂溢性皮炎或各种真菌引起的头皮屑。

【产品特性】　本品配方科学,工艺简单,适合工业化生产,产品稳定性好,去屑作用显著,不易复发,并且对皮肤刺激作用小,使用安全。

实例5 去屑止痒护发洗发香波

【原料配比】

原料	配比(质量份)	
	1#	2#
远红外离子粉	5	8
脂肪醇醚硫酸盐	8	15
椰子油烷醇酰胺	3	6
水杨酸	2	3
液体 K12	3	6
净洗剂 209	5	6
BS－12	3	5
氯化钠	0.5	1.2
防腐剂	0.2	0.5
香精	0.1	0.3
珠光剂	1	2
丝肽	0.2	1
去离子水	69	46

【制备方法】 在去离子水中加入远红外离子粉、脂肪醇醚硫酸盐、椰子油烷醇酰胺、水杨酸、液体 K12、净洗剂 209、BS－12，加热溶解，然后待降温至40℃时，加入氯化钠、防腐剂、珠光剂、丝肽，搅溶后再加入香精即成。

【产品应用】 本品对于去屑止痒护发具有特别的效果。

【产品特性】 本品配方新颖独特，由于在洗发香波中加入了远红外离子特效成分，外形美观，泡沫丰富，使用方便，用后头发更加柔润光亮。

实例6 天然洗发香波

【原料配比】

原料		配比（质量份）									
		1#	2#	3#	4#	5#	6#	7#	8#	9#	10#
香皮树		20	25	30	40	50	60	70	80	70	80
去污剂	茶皂素	60	50	40	30	16	10	28	—	20	10
	皂角素	15	21	29	28	30	27	—	20	8	5
增效剂	甘松	1.5	1.2	0.15	0.1	1.36	0.6	0.6	—	0.8	1.5
	首乌	1.5	1.2	0.2	0.3	2	0.6	1	—	0.6	1
	丁香	1.5	1.2	0.5	0.5	0.6	1.5	0.3	—	0.5	2
	茴香	0.5	0.4	0.15	0.2	0.04	0.3	0.1	—	0.1	0.5

【制备方法】

（1）将香皮树粉碎、过筛，选取100目以上筛的微粒，备用。

（2）提炼增效剂：将甘松、首乌、丁香、茴香等用水煎煮2次，每次煮沸时间为0.5～1h，将两次药液合并后蒸发掉大部分水分，过滤去掉药渣取药液，备用。

（3）将去污剂稀释成40%的水溶液，备用。

（4）将增效剂（2）与去污剂水溶液（3）混合，用喷雾干燥法将混合物干燥成粉状。

（5）将香皮树微粒（1）与粉状物（4）混合，用球磨机磨细、过筛，取100目以上筛的微粒，即得成品。

本品也可配制成洗发液，方法是将洗发粉用水稀释成糊状即可。

【注意事项】 纯天然去污剂是茶皂素、皂角素之一或两种的任意配比的混合物。

纯天然增效剂中各组分的质量配比范围如下：甘松15～50，首乌

15～50，丁香15～50，茴香1～15。甘松、首乌其配方和用量根据产品要求不同而变化，可分为普通型、去头屑止痒型、防脱发型等；丁香、茴香为天然防腐剂。

【产品应用】 本品用于洗发、护发及调理头发，男女老少各类人群均适用。

【使用方法】 每小袋使用一次（一般10g为一袋），使用时撕开袋口，将袋中灌水摇匀，放置1～2min，倒在头上揉洗即可。

【产品特性】 本品原料易得，配比科学，工艺简单，质量稳定；产品性能优良，使用时感觉舒适，用后头发柔软、易于梳理；无毒副作用，不刺激皮肤，安全可靠。

实例7　无泡洗发香波

【原料配比】

原　料	配比（质量份）	
	1#	2#
脂肪醇醚硫酸盐	100	100
烷醇酰胺	30	30
十二烷基甜菜碱	30	30
乙二醇双硬脂酸酯	—	15
聚乙二醇（6000）双硬脂酸酯	—	20
脂肪醇聚氧乙烯醚磷酸酯	30	30
二甲基硅油	15	15
护发素JR－400	—	50
甘油	30	30
止痒去头屑剂PM	—	10
颜料	—	5
香精	—	5

续表

原　　料	配比(质量份)	
	1#	2#
人体复合蛋白	10	10
水	785	650

【制备方法】

(1)将脂肪醇醚硫酸盐、烷醇酰胺、十二烷基甜菜碱、乙二醇双硬脂酸酯、聚乙二醇双硬脂酸酯、脂肪醇聚氧乙烯醚磷酸酯、二甲基硅油、护发素 JR－400 加入容器 A 中,搅拌并加热至 70～85℃,恒温 10～20min。

(2)将水和甘油在容器 B 中混合,搅拌并加热至 40～50℃,恒温 10～20min。

(3)将容器 A 中的原料与容器 B 中的原料混合均匀,加热至 55～65℃,恒温 10～30min 并搅拌。

(4)将止痒去头屑剂 PM 加入混合液(3)中并搅拌均匀,然后使其冷却降温至 30～40℃时,再加入香精、颜料、人体复合蛋白,搅拌均匀,冷却后即得成品。

【注意事项】　脂肪醇醚硫酸盐、烷醇酰胺、十二烷基甜菜碱是一组起去污作用的无泡或微泡的表面活性剂;脂肪醇聚氧乙烯醚磷酸酯可减轻它们对皮脂保护膜的刺激作用;二甲基硅油具有上光的效果,并对皮肤有保护作用;甘油起护发作用;人体复合蛋白是具有护发、护肤作用的营养成分;乙二醇双硬脂酸酯具有上光效果;聚乙二醇双硬脂酸酯是增黏剂。

【产品应用】　本品兼有护发、护肤、去污、去头屑的功能。

【产品特性】

(1)本品配方科学,组成中以无泡或微泡的表面活性剂为主要成分,并含有降低对皮肤刺激的成分及其他营养成分,集多种功效于一体,无毒副作用,洗后头发光滑、手感好,并且在使用后容易漂洗干净。

(2)本品工艺简单,成本低,质量容易控制。

实例8　中草药洗发香波

【原料配比】

原　　料	配比(质量份)	
	1#	2#
女贞子	0.5	0.6
首乌	0.5	0.8
皂荚子	0.25	0.3
木槿叶	0.5	0.6
铁马鞭	0.9	1
百部	0.3	0.4
槐枝	0.7	0.8
千里光	0.3	0.4
芦荟	0.06	0.08
僵蚕	—	0.2
菟丝子	—	0.03
蒺藜	—	0.6
川芎	—	0.4
桂枝	—	0.4
白丁香	—	0.08
蛇床子	—	0.2
脂肪醇聚氧乙烯醚	1.5	2
烷基醇酰胺	1.1	1.4
聚乙二醇(6000)双硬脂酸酯	—	1.2
聚乙二醇(6000)双软脂酸酯	—	1.3
十二烷基甜菜碱	1	1.3
乙二醇单硬脂酸酯	—	0.6

续表

原　　料	配比(质量份)	
	1#	2#
十二醇硫酸钠	1.8	2
十二烷基硫酸钠	—	0.6
食用柠檬酸	0.7	0.8
四硼酸钠	—	0.1
对羟基苯甲酸甲酯(丙酯)混合物	—	0.02
水杨酸甲酯	—	0.02
医用水杨酸	—	0.01
植酸	0.0045	0.005
斯盘-60	—	0.05
香料(白玉兰香、檀香、茉莉花香等混合香)	—	0.16
丙二醇	—	0.05
脲	—	0.3
去离子水	加至100	加至100

【制备方法】

(1)将木槿叶以4倍-离子水浸泡3~5h,搓出黏汁过滤得提取液(药液)A。

(2)将女贞子、首乌、芦荟、菟丝子、白丁香、川芎以4倍98%食用酒精浸泡8~10h,然后水浴加热回收酒精,所剩液过滤得提取液(浸膏汁)B。

(3)将剩余的中草药以4倍去离子水分两次煎汁,两次过滤,除药渣得提取液(药液)C。

(4)将提取液A、B、C液混合,得中草药总液M。

以下为"一锅煮工艺",即用去离子水将化工原料加温、搅拌、混合中草药总液 M 制成产品；去离子水的用量为产品总质量减去中草药总液 M 和全部化工原料质量的差额部分。

（6）用搪瓷反应桶将去离子水加热至 75 ~ 85℃，加入四硼酸钠、脲，搅拌至溶（若不用此两种化工原料，则此步骤可省去）。

（7）加入脂肪醇聚氧乙烯醚、烷基醇酰胺、聚乙二醇（6000）双硬脂酸酯、聚乙二醇（6000）双软脂酸酯、十二醇硫酸钠、十二烷基硫酸钠，搅拌至溶，温度控制在 90 ~ 95℃。

（8）将以上化工原料倒入装有搅拌器的乳化瓷桶内，继续搅拌（20r/min），当化工原料液冷却至 75 ~ 85℃时，加入十二烷基甜菜碱、乙二醇单硬脂酸酯以及斯盘 - 60，待充分乳化后，且液温冷却至 65 ~ 70℃时加入中草药总液 M，同时加入对羟基苯甲酸甲酯（丙酯）混合物、水杨酸甲酯、水杨酸、植酸，继续搅拌 3 ~ 5min；

（9）加入柠檬酸，调节产品 pH 为 6 ~ 6.2。

（10）当温度降至 40 ~ 50℃时加入丙二醇为溶解剂溶解的香料，继续搅拌 3 ~ 5min。

【产品应用】 本品具有净发、护发、秀发等功能，又能够防止脱发和须发早白。

【产品特性】 本品原料配比及工艺科学合理，使有效成分得到充分提取，香波乳化充分，协同作用好，质地细腻，质量标准高；产品性能优良，能够刺激毛囊，有效补充头发所需的铁、铜等金属元素，增加头发内部的黑色素，使用效果显著，并且无任何毒副作用。

实例 9　多功能洗发香波

【原料配比】

原　　料	配比（质量份）		
	1#	2#	3#
脂肪醇聚氧乙烯醚硫酸铵	2	5	3
十二烷基硫酸铵	3	7	5
椰油脂肪酰单乙醇胺	0.1	1	0.1

续表

原　　料	配比(质量份)		
	1#	2#	3#
硬脂酸二乙二醇酯	0.5	1.5	1.0
二氧化硒	1	2	2
二甲苯磺酸胺	0.5	1	0.8
对羟基苯甲酸甲酯	0.1	0.5	0.3
柠檬酸	0.01	0.08	0.04
薄荷醇	0.05	0.1	0.07
香精	0.05	0.1	0.081
蒸馏水	8	12	10

【制备方法】 按配方量要求将各物料依次溶于水中,搅拌混合,达到分散均匀即得成品。

【产品应用】 本品主要用于日用洗发。

【产品特性】 本品的多功能洗发香波具有除垢,除头屑和止痒功能,而且洗头后能使头发蓬松,亮泽,富有弹性;本品的多功能洗发香波洗涤时泡沫大量且稳定易均匀分布在头发上,淋洗方便;本品的多功能洗发香波性能温和,对头皮、头发无任何刺激。

实例 10　多功能药物护理洗发香波

【原料配比】

原　　料		配比(质量份)		
		1#	2#	3#
中草药原料药	枯矾	50	45	60
	柳枝	500	550	400
	桑叶	300	350	250
	黄精	250	200	280

续表

原料		配比(质量份)		
		1#	2#	3#
中草药原料药	菊花	220	250	170
	薄荷	150	100	180
	人参	300	350	250
	何首乌	250	300	280
	侧柏叶	60	70	60
	松叶	120	150	160
	天麻	100	90	120
	白芷	80	80	60
	川芎	70	90	60
	旱莲草	70	80	70
	桑葚	180	160	200
	浮萍	300	350	250
	藿香	180	110	120
	辛夷	70	60	60
	青蒿	100	80	80
	火麻仁	70	60	80
	大黄	70	60	70
	玫瑰花	90	160	—
水		6000	6000	6000
中草药原料药汁		5800	5800	5800
阳离子瓜尔胶溶液		400	400	400
柔软剂		170	170	170
表面活性剂		400	400	400

续表

原　　料	配比(质量份)		
	1#	2#	3#
调理剂	300	300	300
珠光浆	350	350	350
柠檬酸	400	400	400
食盐	455	—	455
硝酸铵	—	455	—
防腐剂山梨酸钾	350	350	350
香料	5	5	5

【制备方法】

(1)按配比称取各中草药原料药,混合,加1.5~2.5倍质量的水,在70~90℃下煎煮3~4h,过滤,得中草药汁液,备用。

(2)取中草药汁液,加入辅料,在温度为50~60℃,转速为1200~1500r/min的条件下,在夹层搪瓷反应器中均质乳化15~20min后,静置,冷却,消泡。

(3)用柠檬酸调节pH为4~8。

(4)加入食盐、防腐剂和香料即成。

【注意事项】　在制备过程中,还添加少量下列辅料:阳离子瓜尔胶溶液、柔软剂、表面活性剂、调理剂、珠光浆、柠檬酸、食盐、防腐剂、香料等。其中阳离子瓜尔胶溶液可护理头发,柔软剂可使头发洗涤后柔顺;表面活性剂可调理头发,增加洗涤时泡沫,去除头发污垢;调理剂可柔顺头发;食盐可杀菌消炎;防腐剂可延长产品使用时间;香料可使洗涤后的头发保持清香。

【产品应用】　本品主要用于头发洗涤护理。

【产品特性】　本品的多功能护理洗发香波,其原料来源广泛,制造成本低廉,能有效地激活发际细胞的新陈代谢,促使头部血液良好循环,改善头发发质,去屑止痒效果好,又可防脱发,促进生发、乌发、对头发进行全面的护理，无任何副作用。制备使用的设备简单，工艺流程短。

实例 11　黑芝麻夏士莲洗发香波

【原料配比】

原　料	配比(质量份)			
	1#	2#	3#	4#
黑芝麻	3~8	3	8	4
夏士莲	3~8	3	8	4
菊花	3~8	3	8	4
薄荷	3~8	3	8	4
党参	3~8	3	8	4
乙醇溶液(20%)	30~50	30	50	40
水	30~50	30	50	40
十二烷基硫酸钠	30~60	30	30	45
椰子油二乙醇酰铵	3~7	3	7	5
月桂酸丙基甜菜碱	3~7	3	7	5
聚季铵盐	3~7	3	7	5
橄榄油	2~5	2	5	3.5
乳化硅油	2~5	2	5	3.5
间苯二酸	2~5	2	5	3.5
香精	2~5	2	5	3.5
增稠剂乙基纤维素	适量	适量	适量	适量

【制备方法】

(1)将所述植物中药黑芝麻、夏士莲、菊花、薄荷、党参粉碎成20~

30 目大小的颗粒；将上述中药颗粒混合置于密闭容器中，用水热蒸，控制蒸汽压力为 400～700kPa，温度 120～140℃，时间为 2h。

（2）然后冷却，将蒸过的中药颗粒浸泡在 20% 乙醇溶液中，时间为 15～18 天。

（3）然后加水，将固态物分离，即得到所述的黑芝麻夏士莲等中药提取液。

（4）将十二烷基硫酸钠、椰子油二乙醇酰铵、月桂酸丙基甜菜碱、聚季铵盐、橄榄油、乳化硅油、间苯二酸按常规生产方法充分混合搅拌，得到混合物甲。

（5）将上述混合物甲注入黑芝麻夏士莲等中药提取液中，加入香精和适当量的增稠剂，混合搅拌均匀，按所需灌装即可。

【产品应用】 本品主要用于洗发。

【产品特性】 本黑芝麻夏士莲洗发香波，除了一般洗发水除污润发的功能外，还添加了精心配制的中草药组合成分，具有很好营养保健的功效。

实例 12　山药多功能洗发香波

【原料配比】

原　　料	配比（质量份）
山药提取的活性物混合液	45
表面活性剂 6501	18
甜菜碱	6
水解蛋白	6
甘宝素	2
叶绿素	0.1
柠檬酸盐	0.3
水	30
乳化硅油	8

续表

原　　料	配比(质量份)
精食盐	0.5
柠檬酸	0.3
香精	0.02

【制备方法】

(1)山药提取的活性物混合液的制备:将山药经水洗脱皮,在2%亚硫酸盐溶液中进行保鲜处理,防止变色,取出山药切成小块,按水与山药1∶2.5的质量比加入胶体研磨机中,经充分研磨后,离心分离出淀粉,再减压过滤(常规减压过滤法)进一步分离沉淀物质制成约含山药营养成分1.5% ±2%的山药活性物混合液。

(2)然后以质量份数比计,将山药提取的活性物混合液40~50份,洗发成分15~20份,护发成分6~10份,调理柔顺成分3~8份,养发成分3~9份,黏稠度调节剂0.5~3份,止痒防腐剂1~3份,外观调节剂0.1~6份,pH调节剂0.1~0.5份,水质稳定剂0.1~0.7份,香精调节剂0.01~0.03份、甜菜碱5~7份和水20~40份混合在一起,置入水浴锅或夹层反应釜中,加热至65~85℃使其充分混合成水溶性的乳化液,再把油溶性的护发成分6~10份在快速搅拌下缓慢加入上述水溶性的乳化液中进行分散乳化,边搅拌边降温,当温度降至45~55℃时,用黏稠度调节剂0.5~3份调节黏度,用涂-4杯黏度计测定为50~70s,用pH调节剂0.01~5份调节pH为6~7,自然降温到40℃以下时,再缓慢加入香精调节剂0.01~0.03份搅拌均匀,减压脱泡过滤即得成品。

【注意事项】 所述洗发成分为阴离子表面活性剂/非离子表面活性剂,可采用AES、K12、6501等中的任何一种或其混合物;所述护发成分为乳化硅油、十八醇、单甘酯、白油等任何一种或其混合物;所述养发成分为水解蛋白或维生素C、维生素E等。所述黏稠度调节剂为增稠剂、精食盐、水等中的任何一种。所述止痒防腐剂为甘宝素、凯松、水杨酸酯系列等中心的任何一种。所述外观调节剂为珠光素或天然色素,如叶绿素等。所述 pH 调节剂为葡萄糖酸、柠檬酸、磷酸等中的任何一种。所述水质稳定剂为 EDTA 二钠或柠檬酸盐。所述香精调节剂为各种日用化香精,可根据实际需要灵活选择。所述水为蒸馏水或纯净水均可。

【产品应用】 本品主要用于洗发。

【产品特性】 本产品在洗发时补充秀发所需的多种活性营养物质,激活秀发原动力,从根本上解决发色发黄、缺乏光泽、产生头皮屑、脱发等问题,令秀发如丝般顺滑光亮、富有弹性达到完美的柔顺效果。

实例 13　天然黑发去屑洗发香波

【原料配比】

原　　料	配比(质量份)
芦荟	10
何首乌	10
皂角	5
鸡血藤	10
当归	5
苦参	20
生姜	5
羊蹄	10
木槿根皮	15
花椒	5
甘草	5
薄荷脑	5
精盐	15
硫黄	5

续表

原　　料	配比(质量份)
水	47.4
氯化铵	0.2
香精	0.3
苯甲酸	0.1
十二烷基硫酸钠	50
硬脂酸	0.5
硬脂酸镁	1.5

【制备方法】

(1)取芦荟、何首乌、皂角、鸡血藤、当归、苦参、生姜、羊蹄、木槿根皮、花椒、甘草清洗干净后,一同加入夹层锅中,加入适量的水(以浸没原料为宜)并通入蒸汽加热至沸腾状态,保持30min左右后取煎汁1次,往滤渣中再加入同样的水进行一次煎煮。共煎煮取汁3次,将3次煎汁混合后进行浓缩至1/2体积,成中药混合液,然后取薄荷脑、精盐、硫黄加入中药混合液中,搅拌均匀待用。

(2)按配方取水总量的一半,煮沸,边搅拌边加入硬脂酸和硬脂酸镁,然后加入氯化铵、香精和苯甲酸,再将剩余的水用来溶解十二烷基硫酸钠,溶解后再将两种溶液调和在一起搅拌均匀备用。

(3)将步骤(1)混合后的中药浓液与步骤(2)的混合液再进行搅拌均匀即得成品。

【产品应用】 本品主要用于洗发护发。

【产品特性】 用本剂洗发后,不仅能使头发蓬松,发亮,乌黑,富有弹性,易于梳洗成型,而且还能促进新陈代谢,综合调理,除去头皮屑,治疗头癣病等。

实例 14 牡丹洗发露

【原料配比】

原料	配比(质量份)
牡丹花提取物	0.5
月桂基醚硫酸钠	15
月桂基二乙胺	3
吐温-80	10
牡丹根提取物	1
去离子水	70.5
尼泊金酯	0.01

【制备方法】

(1)牡丹花提取物的制备:取新鲜牡丹花或阴干的牡丹花用水蒸气 100℃蒸馏提取 5h,提取 0.6% 纯度的提取物,单独存放。

(2)牡丹根提取物的制备:取秋季采收的牡丹根(含水量 6%)除去杂质,洗净,水蒸气 100℃蒸馏提取 5h,提取 3% 纯度的提取物,单独存放。

(3)将牡丹花提取物、月桂基醚硫酸钠、月桂基二乙胺、吐温-80 混合加热至 90℃,备用。

(4)将牡丹根提取物、去离子水、尼泊金酯混合加热至 90℃时,与步骤(1)所得物料混合,真空均质 15min,得乳化膏体,当膏体降至 40℃时,分装、包装得半成品,经检验合格入库为成品。

【产品应用】 本品用于洗发可清洁污垢和多余油脂,调节头皮新陈代谢,平衡发丝润泽,使头发健康生长,同时可抑制头皮瘙痒和去除头皮屑。

【产品特性】 本品配方新颖、科学,工艺简单;产品使用方便,无毒副作用,安全性高,效果理想。

实例15　天然植物洗发露(1)

【原料配比】

原　　料	配比(质量份)
无患子果肉提取液(去水后固含量28%)	35
木槿叶提取液(去水后固含量32%)	55
丁香、大黄、胡椒的提取液	8
瓜尔胶	适量
去离子水	加至100

【制备方法】　将上述组分投料,搅拌混合均匀,即得成品。

【注意事项】　丁香、大黄、胡椒提取前各原料的配比分别为丁香47,大黄47,胡椒6。

无患子果肉提取液中含有具有天然表面活性的物质——无患子皂苷类,可作为天然去污剂,同时此种皂苷用于人体皮肤有抗菌、杀菌和消炎功效;木槿叶提取液中含有天然表面活性物质,可作天然去污剂,减少产品对人体皮肤的刺激性,同时对头发可起到营养、调理和保湿作用;丁香、大黄、胡椒的提取液对细菌、酵母、霉菌等微生物有强烈的抑菌、杀菌作用,可作为天然防腐剂,且有天然香味。

【产品应用】　本品具有去屑止痒功效和营养调理作用,用后使头发自然光泽柔软、乌黑发亮、柔滑易梳理,且散发天然香味。

【产品特性】　本品原料易得,配比科学,工艺简单,成本低廉;使用方便,效果理想,无毒副作用,不损伤发质。

实例16　天然植物洗发露(2)

【原料配比】

原　　料	配比(质量份)		
	1#	2#	3#
米糠提取液	193	177	206
柠檬汁	13	13	13
羊毛脂	5.3	5.3	5
十二烷基二甲基甜菜碱	8	13	5.3
十二烷基硫酸钠	32	40	24
脂肪醇聚氧乙烯醚硫酸钠	8	11	5.3
羟丙基甲基纤维素	2	2	2
苯甲酸钠	0.5	0.5	0.5
茉莉香型香精	适量	适量	适量
天然栀子蓝色素	适量	适量	适量

【制备方法】

(1)取碾米时第二、第三遍的细米糠用5倍量的洁净水在25~35℃温度下,加入适量乳酸菌,浸泡10天,让其自然发酵,届时取上清液过滤,压榨残渣,收集压榨液过滤,与滤过的上清液合并,静置24h,再次过滤即得米糠提取液,备用。

(2)将新鲜柠檬洗净榨汁,挤压残渣,汁液合并过滤,加入防腐剂,静置24h,过滤后备用。

(3)将米糠提取液、柠檬汁与其他原料通过均质搅拌机搅拌成浆状,使其增溶、乳化、分散,调节pH至5~6,密闭7天后过滤,经检验合格后,用灌装机装入符合标准的包装物中,即得成品。

【注意事项】　米糠是禾本科植物稻、糯稻、糜、黍的籽实经加工脱出的外壳,特别指稻、糯稻、糜、黍加工时,碾米机碾至第二、第三遍的细米糠。

【产品应用】　本品能够促进头皮、头发毛囊毛细管的血液循环；提高头发毛囊的营养供应；乌黑头发，使白发转黑；促进头发生长，阻止头发非正常脱落。

【产品特性】　本品原料易得，价格低廉，工艺简单，便于工业化生产；产品泡沫丰富、去污力强、香味浓郁，用后头发蓬松、柔顺、黑亮而有光泽；所用原料或是天然物品，或是药品、食品、日化的加工辅料，均无毒，制得的洗发露无刺激性，无过敏反应，使用安全。

实例17　营养调理洗发露

【原料配比】

原　　料	配比(质量份)	
	1#	2#
木槿叶提取液(去水后固含量32%)	95	60
月桂醇硫酸铵	—	5
椰子酰基丙基甜菜碱	3	3
聚季铵盐	—	0.5
其他添加剂	1.5	1.5
去离子水	加至100	加至100

【制备方法】　将上述各组分投料，搅拌混合均匀，调节混合液的pH为6～7，即得成品。

【注意事项】　木槿叶提取液去水后固含量为25%～40%。

表面活性剂是以下品种中的一种或两种以上的复配物：脂肪醇硫酸钠盐或铵盐或醇胺盐、脂肪醇醚硫酸钠盐或铵盐、α－烯烃磺酸盐、琥珀酸酯磺酸盐、脂肪醇聚氧乙烯醚、烷基糖苷、烷醇酰胺、氧化胺、表面活性甜菜碱、氨基酸类表面活性剂、咪唑啉衍生物。

调理剂是以下品种中的一种或两种以上的复配物：聚季铵盐、硅油。

其他添加剂包括防腐剂、增稠剂、珠光剂、抗氧化剂、螯合剂、pH

调节剂、香精等。

【产品应用】 本品用于清洁护理头发，用后可使头发自然光泽柔软，乌黑发亮，柔滑易梳理。

【产品特性】 本品原料广泛易得，配比科学，工艺简单，成本低廉；木槿叶提取液中含有天然表面活性成分和天然营养调理保湿成分，可以替代或部分替代化工合成原料，减轻对人体皮肤的刺激性，同时使产品富含多种氨基酸、维生素、糖类，还含有大量的鞣质和黏液质，使用效果好。

实例 18　山茶籽去屑洗发露

【原料配比】

原　　料	配比（质量份）	
	1#	2#
脂肪醇聚氧乙烯醚硫酸钠	10	12
十二烷基硫酸铵	8	12
TAB－2	0.5	1.5
十六碳/十八碳脂肪醇	0.3	0.8
瓜耳胶	0.2	0.4
聚季铵盐－10	0.1	0.3
茶皂素	3	6
脂肪酸烷醇酰胺	0.5	3
椰油酰胺基丙基甜菜碱	3	6
珠光浆	2	4
GMT	2	4
凯松	0.08	0.08
香精	0.6	0.6
去离子水	57	75

【制备方法】

(1)取35~40份(质量份,下同)去离子水加入乳化罐,加温到75~80℃。

(2)将脂肪醇聚氧乙烯醚硫酸钠和十二烷基硫酸铵加入乳化罐,缓慢搅拌,均质2~5min,然后加入TAB-2和十六碳/十八碳脂肪醇,缓慢搅拌,均质2~5min。

(3)用2~5份去离子水溶解瓜耳胶后将其加入乳化罐,缓慢搅拌,在75~80℃下放置30min,均质5~10min后,温度降至45~55℃。

(4)用10~15份去离子水将聚季铵盐-10湿润成透明胶状,用10~15份去离子水溶解茶皂素,分别加入乳化罐,在45~55℃下缓慢搅拌,均质2~5min,将脂肪酸烷醇酰胺和椰油酰胺基丙基甜菜碱加入乳化罐内,缓慢搅拌,均质2~5min,温度降至35~40℃。

(5)将珠光浆和GMT加入乳化罐,缓慢搅拌,均质2~5min,冷却至30~32℃,加入凯松和香精,缓慢搅拌,均质2~5min,调节稠度,25℃时黏度8000~12000mPa·s,pH为6.2~6.7,自然静置消泡即得成品。

【注意事项】 茶皂素是从山茶籽中提取的生物活性物质,茶皂素属于五环三萜皂苷类化合物,是一种非离子型表面活性剂,具有较强的发泡、乳化、分散、湿润作用,且几乎不受水质硬度变化的影响。此外,它还有抗渗、消炎、灭菌、止痒、镇痛等生理活性,对多种皮肤瘙痒症有抑制作用。茶皂素用于洗涤用品,泡沫多,去污力强。

调理剂GMT系由高黏度二甲基硅氧烷、硅脂的乳化体,并含有阳离子柔软剂、保湿剂及降刺激等成分。

【产品应用】 本品具有杀菌、止痒、去头屑、护发作用,经常使用可使头发乌黑有光泽。

【产品特性】 本品原料易得,配比科学,工艺简单,适合工业化生产;产品稳定性好,性质温和,使用效果理想,对皮肤无刺激,无过敏反应,安全方便。

实例 19　貉油洗发乳

【原料配比】

原　　料	配比(质量份)	
	1#	2#
貉油	15	20
脂肪醇硫酸钠	10	13
脂肪醇聚氧乙烯醚	6	8
尼纳尔	4	6
硬脂酸	8	10
甘油酯	6	8
五倍子酸丙酯	0.5	0.6
香精	0.5	0.6
蒸馏水	加至 100	加至 100

【制备方法】

(1)将生貉油用直火在锅内加热溶解后,加入总量一半的五倍子酸丙酯(防腐剂),将貉油用直接蒸汽加热除臭,冷却后分离貉油,备用。

(2)将貉油、硬脂酸、甘油酯、另一半五倍子酸丙酯混合,搅拌升温至 80℃,备用。

(3)将脂肪醇硫酸钠、脂肪醇聚氧乙烯醚、尼纳尔和蒸馏水混合,升温至 80℃搅拌溶解,备用。

(4)将步骤(2)和(3)所得物料分别滤过 120 目筛,混合加热,恒温 80℃搅拌 30min,继续搅拌降至室温,加入香精,检验合格后分装即可。

【产品应用】　本品对紫外线有较好的吸收作用,洗头时增加头皮表面血液循环、提供营养,保护头发不断裂、分叉,使头发光亮柔软、易于梳理。

【产品特性】 本品工艺合理,便于操作;配方科学,使用效果显著,不含激素成分,对人体无任何不良影响,安全可靠。

实例20　桑叶洗发乳

【原料配比】

原　　料	配比(质量份)
桑叶浸提液	720
月桂醇聚氧乙烯醚硫酸钠	140
聚乙醇单硬脂酸酯	40
十二烷基二甲基甜菜碱	90
食盐	10
香精	适量

【制备方法】

(1)将新鲜桑叶沸水热烫、沥水后,切成条状,加入适量蒸馏水,置于恒温水浴锅内,于70~80℃浸提6~7h,过200目滤布得粗液,于常温下静置12~14h,得上层澄清液,为桑叶浸提液。

(2)将月桂醇聚氧乙烯醚硫酸钠、聚乙醇单硬脂酸酯、十二烷基二甲基甜菜碱、食盐混合,置于恒温水浴锅内,于60~65℃下充分搅拌至完全溶解。

(3)将桑叶浸提液(1)在水浴锅中加热,倒入混合表面活性剂(2)中,在60~70℃下迅速充分搅拌至糊状。

(4)将糊状半成品(3)置于常温下冷却后,加入香精,搅拌均匀后加盖密闭24h,即得成品。

【产品应用】 本品能对头发进行全面的平衡护理,对去头屑、生发、乌发具有一定功效,适用于各类人群。

【产品特性】 本品工艺先进,配方独特,产品外观好,泡沫丰富,去污力强,使用效果理想;对皮肤无刺激,无毒副作用。

实例21　金银花洗发浸膏

【原料配比】

原　　料	配比(质量份)		
	1#	2#	3#
脂肪醇聚氧乙烯醚硫酸三乙醇胺	15	20	15
脂肪醇硫酸钠	8	10	12
烷醇酰胺	2	2	4
咪唑啉	2	3	2
椰子油酰胺丙基甜菜碱	6	4	6
阳离子瓜尔胶	1	1	2
水溶性硅油	2	2	2
珠光剂	1	1	1
金银花浸膏	2	2	3
香精	适量	适量	适量
防腐剂	适量	适量	适量
去离子水	加至100	加至100	加至100

【制备方法】　先将脂肪醇聚氧乙烯醚硫酸三乙醇胺、脂肪醇硫酸钠、烷醇酰胺、咪唑啉、椰子油酰胺丙基甜菜碱、阳离子瓜尔胶、水溶性硅油、珠光剂投入带有搅拌器及加热器的搅拌釜中,加热搅拌2~4h,停止加热,加入金银花浸膏,边搅拌边加入去离子水,然后继续搅拌0.5~1.5h,降温至40℃时加入香精及防腐剂,继续搅拌均匀即为成品。

【注意事项】　所述金银花浸膏可通过以下方法制得:将中草药金银花用40%的酒精溶液(金银花与酒精溶液的比例可以是1∶2.5)浸泡24~48h,移入带搅拌器的反应釜中加热搅拌回流2~4h,冷却至室温,过滤去渣,再移入蒸馏釜中加热至80~110℃,除去酒精及水分即得。

【产品应用】　本品具有杀菌、消炎、去头屑、止痒、清洁和保护头发及头皮健康的功效，适用于各种发质的洗涤，用后头发飘逸自然。

【产品特性】　本品配方科学，工艺简单，质量稳定，性质温和，对皮肤、眼睛无刺激，不损伤发质，使用安全方便。

实例22　墨旱莲洗发润膏

【原料配比】

原　　料	配比（质量份）			
	1#	2#	3#	4#
墨旱莲提取物	45	70	55	60
尿囊素	0.2	0.3	0.26	0.25
瓜耳胶	0.3	0.4	0.3	0.3
硅油 DC－1679	2	5	3.5	3.5
脂肪醇聚乙烯醚硫酸钠	15	20	18	18
助溶剂 403	3	5	4	4
烷基醇酰胺	3.5	5	5	5
羊毛脂－75	0.6	1.3	0.8	1
十二烷基甜菜碱	3	5	3.5	3.8
珠光剂	0.7	0.9	0.8	0.7
凯松	0.2	0.3	0.2	0.25
蛋白质胶原	1.5	2.9	1.9	2
透明质酸钠盐	0.6	1.5	0.8	1
氢氧化钠	适量	适量	适量	适量
香精	适量	适量	适量	适量
水	适量	适量	适量	适量

【制备方法】

(1)将经过检选、清洗的墨旱莲投入提取罐，加入7～9倍量的水提取、煮沸2.5～3.5h，将提取物经离心机分离后取分离液，备用。

(2)将瓜耳胶搅拌分散在去离子水中，分散均匀后再加热搅拌，直至无胶粒。

(3)将步骤(1)所得墨旱莲提取液与脂肪醇聚乙烯醚硫酸钠、烷基醇酰胺、十二烷基甜菜碱、羊毛脂－75、蛋白质胶原、透明质酸钠盐加入步骤(2)所得物料中，加热搅拌溶解，搅拌速度50～70r/min，调pH为6左右，至85～95℃恒温0.5h，然后加入尿囊素混匀。

(4)将硅油DC－1679加入步骤(3)所得物料中混匀，且过滤备用。

(5)将步骤(4)制备的产品降温至70℃左右，加入珠光剂、助溶剂403搅拌溶解均匀，冷却降温至50℃左右搅拌均匀后加入香精、凯松混合均匀。

(6)用NaOH调节pH为6左右，经均质机均质后打入储罐，然后灌装并包装即得成品。

【注意事项】 脂肪醇聚醚硫酸钠为主要净洗剂；甜菜碱两性表面活性剂与咪唑啉两性表面活性剂、烷基醇酰胺为助洗剂；透明质酸钠盐为保湿剂；蛋白质胶原加入洗发润膏使用后可在头发上留有一层明显的胶膜，使头发更加光滑柔顺，增强头发的抗静电效果和梳理作用。

在本品中，如有必要，还可加入一些其他添加剂，包括人工合成或天然产物，这些人工合成或天然产物是普通洗发产品常用或经常添加的，如人参、首乌、维生素等，还可以加入总量10%以下(优选5%以下)的食醋。

【产品应用】 本品使用后可使头发更加滋润柔软、乌黑亮泽，头皮屑明显减少，止痒效果可达3～5天。

【产品特性】 本品原料配比、工艺科学合理，产品起泡迅速，用量省，无毒副作用，安全可靠。本品针对国内消费者干、中性发质较多、发质干燥和头皮干裂性瘙痒较为普遍的特点，采用天然原料洗、护、润，显著减少洗发品中化学添加剂对皮肤和头发的刺激和伤害，使发质真正获得“黑而润”的效果。

实例23　速溶膏状香波浓缩物

【原料配比】

原　　料	配比(质量份)
十二烷基苯磺酸三乙醇胺盐	20
脂肪醇聚氧乙烯醚硫酸盐	15
椰油酰胺丙基甜菜碱(CAB)	40
椰油酰胺丙基氧化胺(CAO)	10
护发护肤硅油	7.5
半乳甘露聚糖丙基季铵盐(C－13－S)	3
甘宝素	2
凯松	0.3
珠光剂	0.6
EDTA二钠	3
香精	1.5
柠檬酸	适量
色素	适量

【制备方法】

(1)合成十二烷基苯磺酸三乙醇胺时保持温度60℃调入脂肪醇聚氧乙烯醚硫酸盐、护发护肤硅油、C－13－S、珠光剂，搅拌均匀得物料Ⅰ。

(2)将市售CAB、CAO浓缩至35%～40%，在常温下将甘宝素、凯松、香精、色素、EDTA二钠与其混合均匀得物料Ⅱ。

(3)取少量物料Ⅱ与物料Ⅰ按比例混匀后测试pH，测算出调节pH至6.5±0.3所需的柠檬酸(或碱)的用量，按比例加入物料Ⅱ搅匀，得到物料Ⅲ。

(4)将物料Ⅲ与物料Ⅰ混匀(控制温度不超过50℃),即得速溶膏状香波浓缩物,降至室温后包装。

【产品应用】 本品适用于人体毛发、皮肤的去污洗涤护理。

【使用方法】 取本品适量,先加入少量水使用小棒调成粥状再逐步加入总量为4~5倍的水稍加搅拌,全过程约需3min,即复原得具一定黏度的市售通常使用的液状香波,装入闲置空瓶备用。一次使用量5~10mL。

【产品特性】 本品工艺简单,新颖独特,减轻了传统液状香波出厂时产品质量约80%的运输、储存量,节省了包装费用,节约能源,降低成本,减少塑料包装瓶废弃对环境的污染;产品性质温和,去污力强,不刺激皮肤,不损伤发质,使用方便安全。

主要参考文献

[1]唐增荣,金福林,蔡秀平,等. 纺织品白地防沾污洗涤剂:中国,200410067685.8[P].2005-8-3.

[2]权力敏,曲奕. 卫生间抗菌清洁剂:中国,200610042508.3[P].2007-9-5.

[3]李镝. 超强去污膏状洗洁精:中国,200510101649.3[P].2007-6-13.

[4]权力敏,曲奕. 冰箱消毒清洁剂:中国,200610042547.3[P].2007-9-5.

[5]陆新胜. 多功能清洗剂:中国,200610044502.X[P].2007-11-28.

[6]李江水. 火山灰浴盐的配制与浴盐的生产方法:中国,201110119369.0[P].2011-5-10.

[7]王书芳. 黑芝麻夏士莲洗发香波:中国,200910065672.X[P].2011-3-23.

[8]周正新. 液体洗涤剂:中国,200710025579.7[P].2008-1-9.